Nicolai Gäding

Einsatz bei gefährlichen Stoffen und Gütern

Spezielle Maßnahmen für die Sicherheit der Einsatzkräfte, Minimierung von Schäden an Mensch, Material und Umwelt

Bibliografische Informationen der Deutschen Nationalbibliothek
Die Deutsche Nationalbibliothek verzeichnet diese Publikation in der Deutschen Nationalbibliografie;
detaillierte bibliografische Daten sind im Internet über
<http://www.dnb.de> abrufbar.

Bei der Herstellung des Werkes haben wir uns zukunftsbewusst für umweltverträgliche
und wiederverwertbare Materialien entschieden.

ISBN 978-3-609-77504-3

E-Mail: kundenservice@ecomed-storck.de
Telefon: 089/2183-7922
Telefax: 089/2183-7620

© 2019 ecomed SICHERHEIT, ecomed-Storck GmbH, Landsberg am Lech

www.ecomed-storck.de

Titelbild: Feuerwehr Werl

Dieses Werk, einschließlich aller seiner Teile, ist urheberrechtlich geschützt. Jede Verwertung außerhalb der engen Grenzen des Urheberrechtsgesetzes ist ohne Zustimmung des Verlages unzulässig und strafbar. Dies gilt insbesondere für Vervielfältigungen, Übersetzungen, Mikroverfilmungen und die Einspeicherung und Verarbeitung in elektronischen Systemen.

Druck: Westermann Druck, Zwickau

Inhaltsverzeichnis

Vorwort 7

Der Autor 8

1 Grundlagen 9

    1.1   Begriffe 10
    1.2   Einsatzgrundsätze 11
    1.3   Chemische Gefahrstoffe: Gefahren, Eigenschaften und Besonderheiten 13
        1.3.1   Auswirkungen des Aggregatzustandes für den Einsatz 13
        1.3.2   Gase und Dämpfe 14
        1.3.3   Gefahren durch chemische Stoffe 16
    1.4   Messeinheiten bei Gefahrstoffmessungen und ihre Aussagekraft 16
    1.5   Grenzwerte für giftige Gase und Dämpfe 21

2 Ausrüstung 23

    2.1   Persönliche Schutzausrüstung (Form I, II, III) 23
    2.2   Verwendung von Filtern im Gefahrstoffeinsatz 31
    2.3   Allgemeine Ausrüstung 32
        2.3.1   Kommunikationsausrüstung 33
        2.3.2   Messtechnik 35
        2.3.3   Ausrüstung zum Abdichten 44
        2.3.4   Ausrüstung zum Auffangen 48
        2.3.5   Ausrüstung zum Ab- und Umpumpen 49
        2.3.6   Sonstige Erkundungsausrüstung 51

3 Besondere Themengebiete 57

    3.1   Erkennen von Gefahrstoffen 57
    3.2   Maßnahmen gegen Ausbreitung 62
        3.2.1   Abdichten 62
        3.2.2   Auffangen 63
        3.2.3   Ab-/Umpumpen 65
        3.2.4   Verdünnen 67

		3.2.5	Neutralisieren	68
		3.2.6	Binden von Gefahrstoffen	69
		3.2.7	Niederschlagen von Gaswolken	71
	3.3	Messen		74
		3.3.1	Mess-Strategie	74
		3.3.2	Messung pH-Wert	81
		3.3.3	Nachweis von Kohlenwasserstoffen („Öltest")	82
		3.3.4	Messung auf Ex-Gefahr	83
		3.3.5	Messung der Sauerstoffkonzentration	84
		3.3.6	Messung giftiger Gase und Dämpfe	86
		3.3.7	Freimessen von Räumen	88
		3.3.8	Messung radioaktiver Strahlung	91
	3.4	Ex-Schutz und Erdung		93
	3.5	Probenahme		99
	3.6	Dekontamination		103
		3.6.1	Art und Umfang	103
		3.6.2	Grundsätzlicher Aufbau des Dekon-Platzes	103
		3.6.3	Dekontamination von Personen (Dekon-P)	106
		3.6.4	Dekontamination von Geräten (Dekon-G)	110
		3.6.5	Dekon-Verfahren	111
		3.6.6	Dekon-Mittel	113
		3.6.7	Überprüfen der Wirksamkeit von Dekon-Maßnahmen	115
	3.7	Kommunikation		116
		3.7.1	Grundsätzliche Kommunikations-Struktur	116
		3.7.2	Kommunikation im Gefahrenbereich	117
		3.7.3	Strukturierte Lagebeschreibung	118
		3.7.4	Kommunikationshilfen	120
	3.8	Brandbekämpfung		123
	3.9	Notfallkonzept		125
		3.9.1	Umgang mit Notsituationen	127
		3.9.2	Spezieller Sicherheitstrupp	128
		3.9.3	Transport	129
		3.9.4	Atemluftversorgung	133
		3.9.5	Notfalldekon und Sofortmaßnahmen	133

4 Vorgehen im Einsatz — 137

4.1	Einsatzziel, Planung und Ressourceneinsatz	137
4.2	Phase 1 – GAMS-Vorgehen der ersteintreffenden Kräfte	141
4.3	Phase 2 – Maßnahmen bis zum Eintreffen der Spezialkräfte	148

4.4	Phase 3 – Erstmaßnahmen der Spezialkräfte	152
4.5	Phase 4a – Erkundung und Maßnahmen im Gefahrenbereich	152
4.6	Phase 4b – Maßnahmen außerhalb des Gefahrenbereiches	155
4.7	Phase 5 – Abarbeitung und längere Maßnahmen	163
4.8	Einsatzende	165

5 Maßnahmen nach dem Einsatz 167

Literaturempfehlungen/Quellen 171

Abbildungs-Quellenverzeichnis 172

Stichwortverzeichnis 173

Vorwort

Vom Unfall mit Kohlenmonoxid im häuslichen Bereich, über Transportunfälle bis zum Störfall in einem Chemiebetrieb. Einsätze mit Gefahrstoffen sind vielfältig und können jede Feuerwehr betreffen. Sie sind im Auftreten selten, in ihren Anforderungen an Mannschaft und Gerät aber enorm – genau dieses Ungleichgewicht verlangt gute Vorbereitung.

Feuerwehrarbeit heißt: improvisieren in der Lage; im Gefahrstoffeinsatz noch viel mehr. Regelwerke wie die Feuerwehr-Dienstvorschrift (FwDV) 500, die Informationen der vfdb-Referate 8 und 10 und die der Unfallversicherer sind dabei beispielsweise gute Leitplanken. Sie allein reichen aber noch nicht, um Einsätze erfolgreich abzuarbeiten. Jede Einsatzkraft braucht zusätzlich einen ideellen „Werkzeugkasten": Gefüllt mit Inhalten aus Lehrgängen, örtlichen Einsatzkonzepten, Erfahrungen aus Einsätzen und Übungen, nachschlagbaren Spezialinformationen und nicht zuletzt individuell angeeignetem Zusatzwissen. Dieses Buch soll einen Beitrag leisten, die letztgenannte Schublade im Werkzeugkasten weiter zu füllen. Es soll eine Brücke bauen zwischen theoretischen Informationen und konkreten praxisbezogenen Tipps und Hintergrundinfos.

Dabei hat dieses Buch ausdrücklich nicht den Anspruch, bestehende Vorschriften, Regelwerke oder Konzepte – weder überörtlich noch in der jeweiligen Einheit – zu ersetzen oder in Frage zu stellen. Gerade im Gefahrstoffeinsatz gibt es nicht „die" Lösung, sondern nur eine Fülle an Lösungsansätzen. Je mehr man kennt, desto besser lässt sich das Unerwartete beherrschen.

Die täglichen Herausforderungen im Einsatz machen keinen Unterschied zwischen Geschlechtern. Unser heutiges Feuerwehrsystem besteht aus Feuerwehrmännern und ebenso tatkräftigen und engagierten Feuerwehrfrauen – und das ist gut so. Im Sinne der Lesbarkeit wird in diesem Buch vor allem der geschlechtsneutrale Begriff „Einsatzkraft" benutzt. Sollte sich doch mal ein „Feuerwehrmann" in den Text verirren, so sollen damit gleichermaßen alle Feuerwehrfrauen gemeint sein.

Der Autor

Nicolai Gäding (Jahrgang 1985)

Seit 2003 FF Itzstedt
Seit 2005 Gefahrguterkundung Amt Itzstedt
Seit 2018 FF Altengörs; FüGrp Amt Trave Land
– über die Zeit in verschiedenen Fach- und Führungsfunktionen (u.a. Gruppenführer, stv. Bereichsführer, Fachwart Atemschutz, Sicherheitsbeauftragter)

2006–2010 Studium zum Wirtschaftsingenieur
2010–2017 Marketing Manager Segment Feuerwehr für D, AT, CH
Seit 2017 Sales Development Manager Fachhandel Industrie
– bei einem Hersteller von PSA und Sicherheitstechnik

1 Grundlagen

Schadenslagen mit der Beteiligung von Gefahrstoffen erfordern regelmäßig den Einsatz von Behörden und Organisationen mit Sicherheitsaufgaben (BOS). Den Feuerwehren kommt aufgrund ihrer Ausbildung und Ausrüstung sowie der hohen räumlichen Verfügbarkeit eine besondere Stellung zu. Reguläre örtliche Feuerwehrkräfte ergreifen oftmals Erstmaßnahmen, ehe sie durch überörtliche Spezialkräfte unterstützt werden.

Typische Einsatzlagen lassen sich grob in drei Kategorien einteilen:

▶ Ereignisse in einer stationären Anlage
▶ Transportunfälle
▶ Kriminelle/Terroristische Ereignisse

Typische Einsatzlagen

Diese Einsatzlagen können

▶ **A**tomare/Radioaktive Gefahrstoffe
▶ **B**iologische Gefahrstoffe
▶ **C**hemische Gefahrstoffe

einzeln oder in Kombination beinhalten.

Abb. 1: Kategorien von Einsatzlagen mit Gefahrstoffen

Grundlagen

Aufgrund des deutlich häufigeren Vorkommens chemischer Gefahrstoffe durch ihre vielfache tägliche Verwendung und ihres Transportes bilden C-Einsätze den Schwerpunkt der Feuerwehrtätigkeit im Gefahrstoffbereich. Dieses Buch orientiert sich entsprechend daran und behandelt vornehmlich Einsätze mit chemischen Gefahrstoffen, wenngleich viele Informationen auch für A- und B-Einsätze hilfreich sind.

1.1 Begriffe

■ Gefahrgut und Gefahrstoff

Diese beiden Begriffe werden bei Feuerwehren gern gleichbedeutend verwendet. Tatsächlich liegt der Unterschied darin, dass Gefahr*gut* sich auf den Transport bezieht. Ein Gefahr*stoff*, also ein Stoff der z.B. aufgrund seiner chemischen, biologischen oder physikalischen Eigenschaften eine Gefahr für Menschen, Tiere oder die Umwelt darstellt, wird durch seinen Transport auf öffentlichen Wegen zum Gefahrgut. In diesem Buch ist hauptsächlich vom Gefahrstoff die Rede, da es für viele Einsatzmaßnahmen keine Rolle spielt, ob der Gefahrstoff z.B. aus einem stationären Tank oder einem mobilen Tanklastzug austritt.

■ GSG – ABC – CBRN(E)

Im Zusammenhang mit Gefahrstoffen fallen oft die oben stehenden Abkürzungen. ABC, CBRN, CBRNE und GSG bezeichnen prinzipiell alle das Thema Gefahrstoff.

GSG – bedeutet Gefährliche Stoffe und Güter, ohne näher auf die einzelnen Gefahren einzugehen.

ABC – steht für atomar – biologisch – chemisch, oft konkretisiert als ABC-Gefahren oder ABC-Schutzmaßnahmen.

CBRN – ist eine international verwendete Abkürzung und steht für chemical – biological – radiological – nuclear, was sinngemäß gleichbedeutend zur Abkürzung ABC ist, aber nochmal genauer zwischen radiologischen (generell radioaktiv strahlend) und nuklearen (Kernwaffen, Kernenergie) Gefahren unterscheidet.

Bei **CBRNE** wird mit dem „E" noch die Gefahr von Explosivstoffen zusätzlich hervorgehoben. Hier zeigt sich, dass besonders im internationalen Rahmen das Thema Terroranschläge mittlerweile eine hohe Berücksichtigung findet.

- **PSA**

Die Persönliche Schutzausrüstung spielt im Gefahrstoffeinsatz eine bedeutende Rolle. Hierbei unterscheidet man zwischen der allgemeinen PSA für alle Feuerwehrangehörigen (Feuerwehrschutzanzug, Feuerwehrhelm, Feuerwehrschutzhandschuhe, Feuerwehrschutzschuhwerk) und spezieller PSA für Gefahrstoffeinsätze (z.B. Chemikalienschutzanzüge und Atemschutzgeräte).

1.2 Einsatzgrundsätze

Vorschriften und Regelwerke wie die Feuerwehr-Dienstvorschriften, Unfall-Verhütungsvorschriften etc. geben generell für Feuerwehreinsätze und im Spezifischen auch für Einsätze mit Gefahrstoffen sehr gute Anhaltspunkte für das richtige und sichere Verhalten. Nachfolgend sind einige Stichpunkte nochmal aufgegriffen:

▶ Immer von der maximalen Gefährdung ausgehen, bis etwas Anderes erkundet ist (maximaler Schutz der Einsatzkräfte, Sicherheitsabstände beachten, höchstes Schutzniveau der PSA)
▶ Anzahl der Einsatzkräfte im Gefahrenbereich auf ein Minimum beschränken
▶ Alle potenziellen Gefahren an der Einsatzstelle berücksichtigen (AAAACEEEE-Matrix) – nicht nur die offensichtlichsten Gefahren
▶ Mit der Windrichtung vorgehen, tiefer gelegene Bereiche meiden (Ausbreitung)
▶ Essen, Trinken, Rauchen nur fernab des Gefahrenbereiches und mit sauberen Händen

Richtiges und sicheres Verhalten

> **Für den Kontakt mit allen ABC-Gefahrstoffen gilt der Grundsatz:**
>
> **Inkorporation ausschließen – Kontamination vermeiden!**

Gefahren durch die Kontamination mit Gefahrstoffen sollen vermieden werden, indem beispielsweise der Kontakt zum Gefahrstoff durch Abstand, Nutzung von Werkzeugen oder dem Vorgehen mit der Windrichtung bestmöglich verhindert wird. Eine Kontamination von Geräten, Schutzausrüstung oder Personen hat zwei wesentliche Auswirkungen:

Grundlagen

- ▶ Der Gefahrstoff wirkt auf die kontaminierte Oberfläche und seine Umgebung
(z.B. indem Haut oder Metalle durch ätzende Stoffe angegriffen werden)
- ▶ Personen und Gegenstände sind mobil und können die Kontamination ausbreiten

Kontamination

Trotz dieser Gefahren: Gerade die Kontamination von Werkzeug oder Schutzausrüstung, manchmal auch von Personen, lässt sich nicht immer vermeiden. Wesentlicher Vorteil gegenüber der Inkorporation ist, dass kontaminierte Oberflächen i.d.R. vom anhaftenden Gefahrstoff befreit (dekontaminiert) werden können, wodurch die Einwirkung des Stoffes gestoppt wird.

Inkorporation

Die Gefahr durch Inkorporation, also die Aufnahme von Gefahrstoffen in den Körper, ist deutlich höher: Die Stoffe wirken direkt im Körper und können viel schwieriger (oder gar nicht) wieder entfernt werden. Atemschutz ist daher die wichtigste Persönliche Schutz-

Kontakt mit ABC-Gefahrstoffen

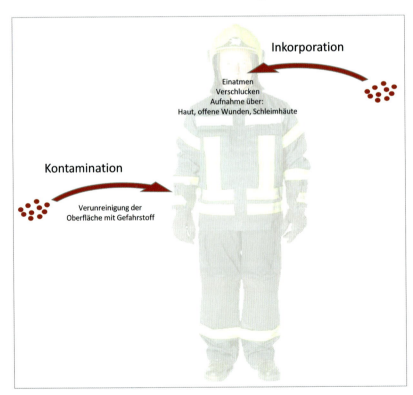

Abb. 2: Gefahren durch Kontamination und Inkorporation

ausrüstung (PSA) im Gefahrstoffeinsatz, da er wirkungsvoll gegen Inkorporation durch Einatmen, Verschlucken und Aufnahme über die Schleimhäute schützt. Je nach Gefahrstoff ist zusätzlich auch flüssigkeits- oder sogar gasdichte Schutzkleidung zu tragen, um eine Aufnahme über die Haut zu verhindern.

1.3 Chemische Gefahrstoffe: Gefahren, Eigenschaften und Besonderheiten

1.3.1 Auswirkungen des Aggregatzustandes für den Einsatz

Gefahrstoffe können in unterschiedlichen Aggregatzuständen im Feuerwehreinsatz auftreten. Typische Einflusskriterien sind Temperatur und Druck. Viel wichtiger als die physikalische Herleitung des Phasenübergangs eines Stoffes sind für den Einsatz folgende Überlegungen:

▶ **Wie gut lässt sich der Stoff aufgrund seines Aggregatzustandes erkunden?**
Tendenziell nimmt in der Reihenfolge fest-flüssig-gasförmig die Erkennbarkeit mit bloßem Auge ab. Umso eher werden Nachweisverfahren für die Erkundung benötigt.

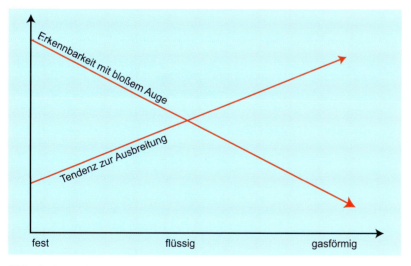

Auswirkung des Aggregatzustands

Abb. 3: Auswirkung des Aggregatzustandes auf Ausbreitung und Erkennbarkeit

Grundlagen

Abb. 4: Typisches Ausbreitungsverhalten bei Flüssigkeiten

▶ **Stimmen erwarteter und vorgefundener Aggregatzustand überein?**
Passt z.B. die Beschreibung aus dem Nachschlagewerk zum Erkundungsergebnis? Wenn nein, woran kann das liegen (Reaktion des Stoffes, Vermischung/Lösung, Phasenübergang durch Temperatur, anderer Stoff als vermutet)?

▶ **Welche Ausbreitungsgefahr birgt der Aggregatzustand?**
Hier lässt sich prinzipiell in der Reihenfolge fest-flüssig-gasförmig eine zunehmende Ausbreitungsgefahr ableiten. Feststoffe bleiben eher an Ort und Stelle, Flüssigkeiten fließen in tiefer liegende Bereiche und bilden Lachen, Gase verteilen sich eher großflächig und schlecht vorhersehbar. Aber Achtung, diese Sichtweise gilt nur ohne Umgebungseinflüsse: Starker Wind kann Stäube weit verteilen und die Gefahr vergrößern – gleichzeitig kann er gasförmige Stoffe durch Verdünnung trotz Ausbreitung schneller in ihrer Gefährlichkeit reduzieren.

1.3.2 Gase und Dämpfe

Entstehung von Dämpfen

Im Einsatz spielt die Unterscheidung zwischen Gas und Dampf keine große Rolle. Beide sind gasförmig, was bedeutend für das Ausbreitungsverhalten und die Messtechnik ist.

Stark vereinfacht entstehen Dämpfe beim Übergang von Flüssigkeiten oder Feststoffen in die Gasphase. Der Übergang wird durch

Stoffeigenschaften, Temperatur und Druck bestimmt. Bei Normalbedingungen liegt der Stoff als Feststoff oder Flüssigkeit vor, darüber stellt sich ein individuelles Gleichgewicht mit einer Dampfwolke ein.

Gase entstehen auf gleiche Weise, allerdings liegt der Punkt des Übergangs soweit von Normalbedingungen weg, dass unter Normalbedingungen nur die Gasphase vorliegt.

Entstehung von Gasen

> **Beispiel:**
>
> Brennbare Dämpfe entstehen in gefährlicher Konzentration bei Benzin oberhalb einer Temperatur von ca. -20 °C. Bei Dieselkraftstoff entstehen diese Dämpfe erst oberhalb von ca. 55 °C.
>
> Festes Kohlenstofdioxid (CO_2), auch bekannt als Trockeneis, verdampft bei -78 °C. Deshalb ist uns CO_2 unter Normalbedingungen als Gas bekannt.

Für den Einsatz besonders relevant ist die Eigenschaft der relativen Dichte von Gasen und Dämpfen. Die relative Dichte beschreibt vereinfacht gesagt, wie schwer das Gas oder der Dampf im Verhältnis zu Luft ist. Diese Eigenschaft ist ein wichtiger Anhaltspunkt für die Abschätzung des Ausbreitungsverhaltens (z.B. Ansammlung schwe-

Abb. 5: Gaswolken haben ein hohes Ausbreitungspotenzial

Grundlagen

rer Gase in tiefer gelegenen Bereichen wie Schächten und Senken). Im Kapitel „Messen" wird auf die relative Dichte noch genauer eingegangen.

1.3.3 Gefahren durch chemische Stoffe

Chemische Stoffe können aufgrund ihrer chemischen und physikalischen Eigenschaften eine Vielzahl an Gefahren für Menschen, Umwelt und Sachwerte bedeuten. Folgende Gefahren sind möglich:

- ▶ Brand- oder Explosionsgefahr, auch Selbstentzündung
- ▶ Brandfördernde Wirkung (auch Bildung explosiver Gase)
- ▶ Reaktionsfördernde Wirkung
- ▶ Ätzende Wirkung
- ▶ Giftige Wirkung
- ▶ Erstickende Wirkung
- ▶ Sonstige Gefahr (z.B. durch erwärmte Stoffe)

Gefahrenermittlung

Um Einsatzmaßnahmen zur Gefahrenabwehr sinnvoll vorzunehmen, ist eine möglichst gute Kenntnis der Haupt- und Nebengefahren des betroffenen Stoffes sehr wichtig. Hilfestellung zur Gefahrenermittlung und Einschätzung bieten zum Beispiel:

- ▶ Kennzeichnung, z.B. Gefahrzettel an Transporten
- ▶ Begleitende Dokumente
- ▶ Informationen betroffener Personen, z.B. Betriebspersonal
- ▶ Nachschlagewerke und Datenbanken
- ▶ Fachberatung für die Feuerwehr, z.B. TUIS

1.4 Messeinheiten bei Gefahrstoffmessungen und ihre Aussagekraft

Messtechnik

Mit der bei Feuerwehren weit verbreiteten Messtechnik (Indikatorpapier, Mehrgasmessgeräte, Prüfröhrchen) sind Messungen im Gefahrstoffeinsatz bei gasförmigen und flüssigen Gefahrstoffen möglich. Feste Gefahrstoffe können i.d.R. nur mit spezieller Messtechnik oder durch Aufbereitung der Proben (Lösen, Verdampfen) messtechnisch untersucht werden.

Grundlagen

Messung mit Indikatorpapier

Abb. 6: Anwendung von pH-Papier – von links nach rechts: Salzsäure, Cola, Wasser, Pflanzenöl, Ammoniaklösung

- **pH-Wert**

Die Messung des pH-Wertes ist wahrscheinlich die einfachste Messmöglichkeit im Gefahrstoffeinsatz. Universalindikatorpapier („pH-Papier") ist preiswert, einfach in Lagerung und Handhabung und zeigt direkt ein Ergebnis durch einen Farbumschlag an. Der Farbumschlag wird dann mit einer Vergleichsskala ausgewertet.

Das Indikatorpapier zeigt bei Kontakt mit Flüssigkeiten direkt ihren pH-Wert an. Mit angefeuchtetem Indikatorpapier kann auch der pH-Wert von Gasen bestimmt werden. Grundsätzlich gibt der Farbumschlag des pH-Papiers an, ob der Stoff sauer (Säure), neutral oder alkalisch (Lauge) ist.

Der pH-Wert hilft, eine erste Einschätzung zu den Stoffeigenschaften und der davon ausgehenden Gefahr zu treffen.

pH-Wert nur als erste Einschätzung

Grundlagen

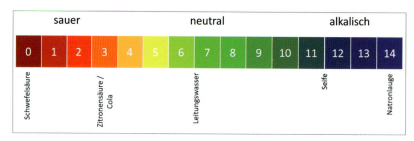

Abb. 7: pH-Werteskala und Stoffbeispiele

Tab. 1: Faustregeln zur Orientierung

Säuren	pH-neutrale Stoffe	Laugen
reizend/ätzend	Gefahr ist nicht durch pH-Wert ermittelbar	reizend/ätzend
greifen Metalle an		greifen Metalle an
können extrem reagieren oder brennbare Gase erzeugen		können extrem reagieren oder brennbare Gase erzeugen

Ein pH-Wert deutlich größer oder kleiner 7 weist also auf eine mögliche Gefahr hin. Trotzdem ist der pH-Wert allein kein Maß für die Gefährlichkeit eines Stoffes, bzw. für den Ausschluss einer Gefahr.

Beispiel:

Flusssäure hat je nach Konzentration einen pH-Wert von 1-2, Cola hat einen pH-Wert von 2-3. Aufgrund der besonderen Eigenschaften von Flusssäure kann bereits eine handtellergroße Benetzung der Haut tödlich sein, was bei Cola bekanntermaßen nicht der Fall ist.

Achtung:

Auch Stoffe mit pH 7 können extreme Gefahren beinhalten, allerdings dann in anderen Ausprägungen, z.B. giftig oder brennbar.

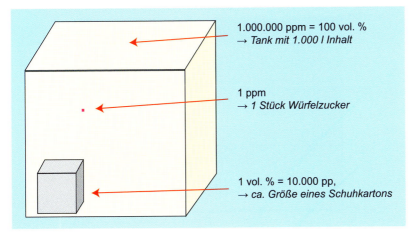

Abb. 8: Verhältnismäßigkeiten zwischen ppm und vol. %

- **ppm und vol.%**

Konzentrationen gasförmiger Stoffe in Umgebungsluft werden mit üblicher Messtechnik in ppm (Parts per Million – ein Teil pro eine Million) oder in vol. % (Volumen % – ein Teil pro Einhundert) angezeigt. Die Anzeige richtet sich meist nach dem relevanten Bereich, in dem Grenzwerte für den Stoff festgelegt sind.

Stoffkonzentration

1 vol. % entspricht 10.000 ppm, es gibt zwischen den unterschiedlichen Anzeige-Einheiten also deutliche Unterschiede.

> **Beispiel:**
> Kohlenstoffmonoxid (CO) hat einen Grenzwert (ETW 4h) von 33 ppm. Kohlenstoffdioxid (CO_2) hat einen Grenzwert (ETW 4h) von 1 vol. %, also 10.000 ppm.

- **% UEG**

Zündfähige gasförmige Stoffe werden in % UEG (= % der unteren Explosionsgrenze) gemessen. Der Messwert sagt aus, wie hoch die Stoffkonzentration im Verhältnis zur geringsten zündfähigen Konzentration ist. Bei 100% UEG ist die Stoffkonzentration in Luft erstmals hoch genug, um ein zündfähiges Gemisch darzustellen. Steigt die Konzentration weiter, wird irgendwann die OEG (= obere Explosionsgrenze) erreicht. Bis zu diesem Punkt ist der Sauerstoffanteil des Gas-Luft-Gemisches für eine Zündung ausreichend. Darüber hi-

Untere und obere Explosionsgrenzen

Grundlagen

Abb. 9: Bezug von vol. %, UEG und OEG.

naus ist das Gemisch zu „fett", es stehen zu viel brennbarer Stoff und zu wenig Sauerstoff zur Verfügung.

Die Stoffkonzentration in vol. %, bei der UEG und OEG eines Stoffes liegen, ist immer stoffspezifisch und variiert stark.

Tab. 2: Beispiele für UEG und OEG verschiedener Stoffe

Substanz	UEG	OEG
Methan	4,4 vol. %	16,5 vol. %
Aceton	2,5 vol. %	13,0 vol. %
Acetylen	2,3 vol. %	85,0 vol. %
n-Nonan	0,7 vol. %	5,6 vol. %

Zündfähige Gemische

In Tabelle 2 erkennt man gut, wie unterschiedlich die Lage und die Größe des zündfähigen Konzentrationsbereiches ist. Nonan zündet bereits bei sehr geringen Konzentrationen – das ist einer der Gründe, warum „Feuerwehrkalibrierungen" von Ex-Sensoren bei Gasmessgeräten meistens auf Nonan statt auf Methan erfolgen.

Acetylen dagegen hat einen enorm großen Konzentrationsbereich, in dem es zündfähig ist – das Mischungsverhältnis von Gas und Sauerstoff muss nicht exakt eingestellt werden. Daher wird Acetylen beispielsweise häufig zum Autogenschweißen eingesetzt.

Messgeräte in der Feuerwehr zeigen bzgl. zündfähigen Stoffen meistens einen Messbereich von 0–100 % UEG an, da sich der Messtrupp aus dem sicheren Bereich in Richtung der Gefahrenquelle begibt. Die Stoffkonzentration nimmt daher in Abhängigkeit zur Quelle zu und sollte sich im Bereich unterhalb der UEG bewegen.

■ Flammpunkt

Der Flammpunkt ist ebenfalls stoffspezifisch und damit ein guter Indikator für die Bildung einer zündfähigen Gaskonzentration, also für das Erreichen der UEG. Der Flammpunkt ist die niedrigste Temperatur, bei der sich über einem Stoff ausreichend Dämpfe für ein zündfähiges (aber nicht dauerhaft weiter brennendes) Gemisch bilden. Je niedriger der stoffspezifische Flammpunkt, desto mehr brennbare Dämpfe bilden sich bei einer bestimmten Temperatur.

Stoffspezifische UEG und OEG

> **Beispiel:**
>
> Benzin und Diesel haben beide ihre UEG bei 0,6 vol. %. Trotzdem brennt Diesel nicht, wenn man versucht ihn bei Normalbedingungen (20 °C) mit einem Streichholz zu entzünden. Benzin brennt unter diesen Bedingungen.
>
> Die Erklärung liegt im höheren Flammpunkt von Diesel (> 55 °C), wodurch Diesel unter Normalbedingungen nicht genug brennbare Gase bildet und die UEG nicht erreicht.

1.5 Grenzwerte für giftige Gase und Dämpfe

Gase oder Dämpfe, die beim Einatmen auf Menschen giftig wirken, sind meistens mit Grenzwerten belegt. Auch wenn die Grenzwerte aus verschiedenen Bereichen (wie zum Beispiel dem betrieblichen Arbeitsschutz stammen) so geben sie im Feuerwehreinsatz wertvolle Orientierung zur Gefährlichkeit eines Stoffes.

Wichtige Grenzwerte

■ ETW (Einsatztoleranzwerte)/AEGL (Acute Exposure Guideline Levels)

Das Referat 10 der Vereinigung zur Förderung des deutschen Brandschutzes (vfdb) veröffentlicht regelmäßig eine Liste einsatzrelevanter Gefahrstoffe, die mit gängiger Messtechnik der Feuerwehr sofort messbar sind. Die darin beschriebenen Einsatztoleranzwerte (ETW-4) beschreiben eine Stoffkonzentration, bei der Einsatzkräfte ohne Atemschutz bis zu vier Stunden arbeiten können, ohne in ihrer Gesundheit oder Leistungsfähigkeit beeinträchtigt zu werden.

Grundlagen

Die ETW-4 basieren inhaltlich auf den internationalen AEGL-2-Werten. Da noch nicht für alle relevanten Stoffe finale AEGL-2-Werte definiert sind, wird die Liste regelmäßig aktualisiert.

Seit kurzer Zeit werden für einige Stoffe auch ETW-1, also Konzentrationen zum Aufenthalt ohne Atemschutz bis zu einer Dauer von einer Stunde, angegeben. Dies ist Erfahrungen und einsatztaktischen Erwägungen geschuldet: Beispielsweise wird für Kohlenstoffmonoxid (CO) ein ETW-1 angegeben, weil davon auszugehen ist, dass eine rettungsdienstliche Erstversorgung und der Transport aus dem Gefahrenbereich meist deutlich schneller als in einer Stunde vollzogen ist. Dadurch ist auch bei höheren Stoffkonzentrationen keine Sofortrettung oder eine Tätigkeit unter Atemschutz notwendig wird.

■ MAK (Maximale Arbeitsplatzkonzentration)/AGW (Arbeitsplatz-Grenzwert)

Im betrieblichen Arbeitsschutz geben Grenzwerte an, bis zu welcher Konzentration ein Arbeitnehmer ohne Atemschutz regelmäßig (8 h pro Tag, 40 h pro Woche im gesamten Arbeitsleben) ohne Gefährdung einem Stoff ausgesetzt sein darf.

Früher wurde diese Konzentration als MAK, heute als AGW bezeichnet, wobei sich an der grundlegenden Definition nichts verändert hat. Für den Feuerwehreinsatz sind MAK und AGW immer dann relevant wenn:

- ▶ kein Einsatztoleranzwert definiert ist
- ▶ eine Beurteilungsgrundlage für längere Stoffexpositionen benötigt wird

Unterschiedliche Konzentrationsvorgaben bei AGW und ETW

Die Konzentrationsvorgaben von AGW liegen erheblich unter den ETW, weil die ETW sich auf einmalige und kurzzeitige Exposition beziehen. AGW beruhen auf regelmäßiger und langfristiger Aufnahme des Gefahrstoffes. Trotzdem sind auch MAK/AGW nicht geeignet, um Gefahren durch eine freigesetzte Stoffkonzentration über einen längeren Zeitraum für die Bevölkerung abschätzen zu können, da bei Arbeitsplatz-Grenzwerten von gesunden Personen im arbeitsfähigen Alter und von einer zeitlich begrenzten Aufnahme pro Tag ausgegangen wird. Möchte man die Gefahr einer langfristigen Stoff-Freisetzung für ein Wohngebiet (Aufenthalt ggf. 24 h, auch Kinder, Kranke und ältere Menschen betroffen) ist geeignete Fachberatung, z.B. vom zuständigen Umweltamt heranzuziehen.

2 Ausrüstung

2.1 Persönliche Schutzausrüstung (Form I, II, III)

Von Gefahrstoffen gehen, wie der Name schon sagt, zusätzliche Gefahren für die Einsatzkräfte im Vergleich zu „normalen" Feuerwehreinsätzen der Brandbekämpfung oder technischen Hilfeleistung aus. Deshalb muss die standardmäßige persönliche Schutzausrüstung (PSA) von Einsatzkräften um besondere PSA ergänzt werden.

Die Feuerwehrdienstvorschrift (FwDV) 500 „Einheiten im ABC-Einsatz" und die DGUV-Information 205-014 (Auswahl von persönlicher Schutzausrüstung für Einsätze bei der Feuerwehr) beschreiben drei Formen von Schutzbekleidung, die für Feuerwehren im ABC-Einsatz vorgesehen sind:

FwDV 500

Abb. 10: Körperschutz Formen I, II, II

Ausrüstung

- Form I: Brandschutzbekleidung mit zusätzlicher Schutzhaube zur Abdeckung freier Stellen im Kopf-/Halsbereich
- Form II: Schutzbekleidung, die gegen eine Kontamination mit festen und ggf. auch flüssigen Stoffen schützt, aber nur sehr eingeschränkt gasdicht ist
- Form III: Schutzbekleidung gegen feste, flüssige und gasförmige Gefahrstoffe

Die drei Körperschutz-Formen haben unterschiedliche Anwendungsgebiete, sowie Vor- und Nachteile:

PSA Form I

■ Form I

(Brandschutzbekleidung, Atemschutz, Kontaminationsschutzhaube)

- Hauptanwendung:
  - Menschenrettung
  - Brandbekämpfung im Gefahrstoffeinsatz (wenn thermische Gefahr höher als chemische Gefahr)
- Vorteile:
  - Einfache Verfügbarkeit: vorhandene PSA muss nur um Kontaminationsschutzhaube (notfalls: Feuerschutzhaube) ergänzt werden
  - Schnelles Anlegen
  - Hohe thermische Belastbarkeit
- Nachteile:
  - Begrenzte Schutzwirkung gegen chemische Gefahrstoffe
  - Hohe Kosten, wenn Schutzkleidung nicht dekontaminiert werden kann

Exkurs

Wie gut schützt die Brandschutzbekleidung gegen Chemikalien?

Moderne Brandschutzbekleidung bietet durch ihr Obermaterial, ihren mehrlagigen Aufbau und vor allem durch die Membran einen guten Basis-Schutz gegen Chemikalien. Die nachfolgenden Abbildungen zeigen, dass die Membran und der Oberstoff einer Feuerwehr-Überjacke nach HuPF grundsätzlich in der Lage sein können, Chemikalien (in diesem Beispiel Aceton) für eine längere Zeit abzuhalten. Der Schutzfaktor variiert je nach Materialien von Oberstoff und Membran, sowie dem Pflegezustand (Schmutz, fehlende Imprägnierung etc.).

Abb. 11: Durchdringungsverhalten von Membran (links) und Obermaterial (rechts) einer HuPF-Überjacke

Kritische Stellen beim Schutzanzug Form I sind vor allem der Kopf und die Hände. Kontaminationsschutzhauben und Feuerwehrhandschuhe besitzen i.d.R. keine Membran, wodurch Gefahrstoffe viel schneller an die Haut gelangen können. Da besonders die Hände gefährdet sind, mit Gefahrstoff in Kontakt zu kommen, ist die Beschaffung spezieller Chemikalien-Schutzhandschuhe sehr zu empfehlen.

Abb. 12: Durchdringungsverhalten bei geschädigtem Obermaterial (fehlende Imprägnierung)

- **Form II**

(Spritzschutzanzug, Atemschutz, Chemikalienschutz-Handschuhe)

PSA Form II

▶ Hauptanwendung:
- Tätigkeiten bei festen und flüssigen Gefahrstoffen mit begrenztem Risiko
- Anwendungen, bei denen Atemschutz als Maske-Filter-Kombination verwendet werden soll (z.B. Dekon-Personal)

▶ Vorteile:
- Höhere Schutzwirkung als Form I, gute Chemikalienbeständigkeit
- Einfachere Dekontamination durch Folienmaterial
- Im Vergleich zu Brandschutzbekleidung geringer Anschaffungspreis/geringe Folgekosten bei Entsorgung nach Kontamination

▶ Nachteile:
- Geringe thermische und mechanische Festigkeit des Folienmaterials
- Aufwändige Anlegeprozedur, da Übergänge an Armen, Beinen und Gesicht bei vielen Anzügen separat abgedichtet werden müssen

Ausrüstung

Exkurs

Einfaches Abkleben von Übergängen bei Spritzschutzanzügen

Preiswerte Spritzschutzanzüge im Overall-Schnitt mit Kapuze haben Gummizüge an Armen, Beinen und der Gesichtsöffnung. Diese sorgen nicht für einen komplett dichten Abschluss zu Maske, Stiefeln und Handschuhen. Daher sollten diese Stellen zusätzlich mit Klebeband abgedichtet werden. Das Klebeband darf sich bei Kontakt mit Flüssigkeiten nicht lösen und sollte auch eine gewisse Chemikalienbeständigkeit aufweisen; empfehlenswert ist spezielles chemikalienbeständiges Klebeband.

Besonders am Übergang von Arm und Handschuh ist es schwierig, eine dichte Verbindung herzustellen, weil Falten im Material die Flüssigkeiten durch einen Kapillareffekt ins Innere leiten. Eine einfache Hilfe ist die Verwendung von Rohrstücken (z.B. 100 mm KG-Rohr), das als feste Unterlage zum Abkleben in den Handschuh gesteckt wird. Selbstverständlich müssen die Rohrstücke sauber entgratet sein, um Verletzungen und Beschädigungen des Anzugmaterials zu vermeiden.

Der Kontaminationsschutzanzug aus Textilmaterial zählt ebenfalls zur Körperschutz Form II. Er ist aber vor allem auf den Schutz vor Kontamination mit radioaktiven Partikeln ausgerichtet. Aufgrund der Materialeigenschaften (nimmt Flüssigkeit auf) und des Anschaffungspreises ist er für Einsätze mit chemischen Gefahrstoffen in der Regel ungeeignet.

Abb. 13: Chemikalienschutz-Handschuhe mit eingeschobenen Rohrstücken, vorbereitet für den Einsatz

Abb. 14: Die faltenfreie Oberfläche ermöglicht ein einfaches und dichtes Abkleben

Ausrüstung

- Form III

(Gasdichter Chemikalien-Schutzanzug)

PSA Form III

▶ Hauptanwendung:
- Tätigkeiten mit gasförmigen Gefahrstoffen und bei Gefahrstoffen mit hohem Risiko

▶ Vorteile:
- Höchste Schutzwirkung, sehr gute Chemikalienbeständigkeit
- Hohe thermische und mechanische Beständigkeit (typenabhängig)
- Vielfältiges Zubehör (externe Luftversorgung, Rettungsschlaufen, Beleuchtung etc.) verfügbar

▶ Nachteile:
- Hohe Belastung des Anzugträgers (Gewicht, Bewegungs- und Wahrnehmungseinschränkung, Mikroklima)
- Einsatzzeit auf ca. 20 min. durch hohe Belastung begrenzt
- Aufwändige Anlegeprozedur
- Hoher Anschaffungspreis

Abb. 15: Gasdicher CSA Typ 1b (links) mit außen getragenem Pressluftatmer und Typ 1a (rechts) mit innen liegendem Pressluftatmer

Ausrüstung

Exkurs

Wiederverwendbare Anzüge und „Limited Use"-Anzüge

Gasdichte Chemikalienschutzanzüge (CSA) für die Feuerwehr sind nach DIN EN 943-2 zugelassen und speziell auf sogenannte „Notfallteams" (ET – Emergency Teams) ausgerichtet. Trotzdem gibt es innerhalb dieses genormten Bereiches enorme Unterschiede bezüglich der Leistungsfähigkeit der Anzüge.

Vor allem das Anzugmaterial gibt vor, ob ein CSA zur Kategorie der wiederverwendbaren CSA oder zu den sogenannten „Limited Use"-Anzügen zählt.

Wiederverwendbare CSA

Wiederverwendbare CSA (oft auch als „schwere" CSA bezeichnet) haben ein eher dickeres mehrlagiges Anzugmaterial. Dies sichert einerseits die Wiederverwendbarkeit (Dekontamination, Reinigung, Desinfektion) nach einem Einsatz, wobei die tatsächliche Wiederverwendbarkeit von der Beaufschlagung mit Gefahrstoff und möglichen Beschädigungen abhängt. Andererseits sorgt das robuste Anzugmate-

Abb. 16: „Limited Use" CSA (links) und wiederverwendbarer CSA (rechts) – optisch fast identisch aber unterschiedlich in der Leistungsfähigkeit

rial in der Regel für eine hohe chemische, mechanische und thermische Beständigkeit, was den wiederverwendbaren CSA zum bevorzugten Schutzanzug für unklare Einsatzlagen mit hoher Gefährdung macht.

CSA der Kategorie „Limited Use" werden umgangssprachlich auch als „gasdichte Einwegschutzanzüge" bezeichnet. Die einmalige oder nur begrenzte (Wieder-)Verwendbarkeit ergibt sich durch dünneres Material, das einer intensiven Reinigung des Anzuges nach Gebrauch nicht dauerhaft standhalten würde.

CSA „Limited Use"

Für viele unbekannt ist, dass „Limited Use" sich nicht nur auf die Häufigkeit der Verwendung bezieht, sondern auch auf die Art des Einsatzes:

Das weniger robuste Material der „Limited Use"-Anzüge wirkt sich auch auf die Schutzfunktion und damit auf die Nutzbarkeit im Einsatz für bestimmte Tätigkeiten aus. Diese Anzüge haben aufgrund ihres Folienmaterials zwar meist eine ähnlich gute chemische Beständigkeit; die mechanische und thermische Beständigkeit ist dagegen eingeschränkt. Der Unfallversicherungsträger (DGUV) definiert den Einsatzbereich der Limited Use-Anzüge in der DGUV-Information 205-014 mit „z.B. Absperren und Überwachen von Gefahrenbereichen bzw. Aufspüren und Messen von ABC-Gefahrstoffen". Limited Use-Anzüge sind also nur eingeschränkt für Tätigkeiten im unmittelbaren Gefahrenbereich mit großen mechanischen und thermischen Gefahren geeignet.

Klassische Beispiele für Tätigkeiten, die nur mit wiederverwendbaren CSA ausgeführt werden sollten sind:

▶ *Direktes Arbeiten an Unfallfahrzeugen (scharfe Kanten und heiße Fahrzeugteile)*
▶ *Umgang mit spitzem oder scharfkantigem Werkzeug*
▶ *Arbeiten in Brand- oder Explosionsgefährdeten Bereichen (Ex-Schutz aller Komponenten sicherstellen!)*
▶ *Arbeiten mit tiefkalten Medien (z.B. flüssiges Ammoniak)*

Die Abbildungen 17-19 zeigen Versuche, bei denen mit einfachen Gegenständen (Lötlampe, Bügeleisen, scharfkantige oder raue Materialien) das Verhalten unterschiedlicher Anzugmaterialien getestet wurde. Auch, wenn keine Laborbedingungen vorlagen, kann man grundlegend erkennen, dass die Anzugmaterialien mechanischer und thermischer Beanspruchung unterschiedlich gut standhalten können. Insbesondere bei Beflammung oder Kontakt mit heißen

Ausrüstung

Verhalten von Anzugmaterial

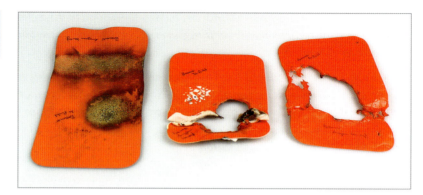

Abb. 17: Verhalten von Anzugmaterial bei direkter Beflammung mit Lötlampe von 3 Sek.: Wiederverwendbar – Limited Use – Spritzschutzanzug (v. l. n. r.)

Abb. 18: Verhalten von Anzugmaterial bei Bearbeitung mit scharfkantigen/rauen Materialien (Holz, Glas, Stein, Blech): Wiederverwendbar – Limited Use – Spritzschutzanzug (v. l. n. r.)

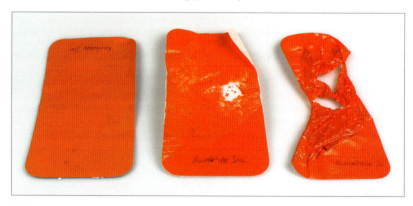

Abb. 19: Verhalten von Anzugmaterial bei Kontakthitze durch Bügeleisen von 3 Sek.: Wiederverwendbar – Limited Use – Spritzschutzanzug (v. l. n. r.)

Ausrüstung

Oberflächen sind reine Folienmaterialien von Limited Use Anzügen oder Spritzschutzanzügen sehr anfällig und können schnell beschädigt werden.

Sowohl die Technik für die Wiederaufbereitung kontaminierter Anzüge, als auch die Materialien der Limited Use Anzüge entwickeln sich ständig weiter, sodass eine generelle Aussage zur Beschaffung des einen oder anderen Anzugtyps nicht möglich ist. Je nach Einsatzhäufigkeit und Art der Gefahrstoffe kann ein Mischbestand sinnvoll sein, bei dem Limited Use-Anzüge ergänzend zur Anwendung kommen, wenn Tätigkeiten weniger mechanische oder thermische Risiken aufweisen und der Gefahrstoff aufgrund seiner Eigenschaften eine spätere Entsorgung des Anzuges wahrscheinlich macht.

2.2 Verwendung von Filtern im Gefahrstoffeinsatz

Die bei Feuerwehren am weitesten verbreiteten Kombifilter vom Typ A2B2E2K2 Hg P3 bieten einen wirkungsvollen Schutz gegen viele partikelförmige und gasförmige Gefahrstoffe. Der Vorteil von Atemfiltern gegenüber Pressluftatmern ist ihr vergleichsweise geringeres Gewicht und die längere Einsatzzeit (bis zu 105 min.). Nachteilig wirkt sich der erhöhte Einatemwiderstand aus.

Kombifilter A2B2E2K2 Hg P3

> **Achtung:**
> Folgende Einsatzgrenzen für Filter sind zu beachten:
> - Der Gefahrstoff muss bekannt sein und der Filter muss dagegen schützen.
> - Die Gefahrstoffkonzentration muss bekannt sein und die Abscheideleistung und die Schutzwirkung der Kombination Maske-Filter muss entsprechend hoch sein.
> - Die Sauerstoffkonzentration muss mindestens 17 vol. %, bei gewissen Gefahrstoffen sogar mindestens 19 vol. % betragen.
>
> Ein Durchschlagen des Gefahrstoffes durch den Filter muss vom Träger bemerkbar sein (Riechen, Schmecken).

Ausrüstung

Abb. 20: Kombinationsfilter A2B2E2K2 Hg P3

Sofern die Schutzkleidung eine Verwendung von Filtern zulässt (keine vollumschließenden CSA), sind Filter und Vollmasken als Atemschutz im Gefahrstoffeinsatz also grundsätzlich möglich.

Feuerwehrleute sind meistens keine Filterspezialisten und anders als in der betrieblichen Arbeitssicherheit sind im Feuerwehreinsatz oft nicht alle Rahmenbedingungen klar – daher ist die sichere Einhaltung der Einsatzgrenzen schwer umsetzbar.

In der Praxis finden sich Filter daher eigentlich nur im Einsatz mit radioaktiven Stoffen (Anwendung ist hier das Filtern radioaktiver Partikel als Schutz vor Inkorporation), sowie als Atemschutz für Dekontaminationspersonal. Am Dekon-Platz sind wesentliche Voraussetzungen für den Filtereinsatz (z.B. Mindest-Sauerstoffgehalt) sicher gegeben und die Gefahrstoffkonzentration durch Anhaftungen auf Schutzkleidung der eingesetzten Trupps wird meistens deutlich geringer als im Gefahrenbereich sein. Trotzdem müssen auch hier die Einsatzgrenzen beachtet werden und der Filter kann nicht als pauschal einsetzbarer Atemschutz im Dekon-Bereich angesehen werden.

Auch im Brandeinsatz (z.B. bei Nachlöscharbeiten) ist der Einsatz von Filtern kritisch zu prüfen. Insbesondere der Einsatzgrundsatz „Gefahrstoff muss bekannt sein und der Filter muss dagegen schützen" lässt sich in der Regel nur bei wenigen Bränden (z.B. Brände von ausschließlich organischem Material wie Stroh) sicherstellen. Außerdem ist zu beachten, dass der A2B2E2K2 Hg P3-Filter keinen Schutz gegen Brandgas Kohlenmonoxid (CO) bietet, was eine Verwendung ohnehin stark einschränkt. Spätestens bei einem klassischen Gebäudebrand mit Beteiligung unterschiedlicher Kunststoffmaterialien sollte auf den Einsatz von Filtern verzichtet und zu Gunsten der Sicherheit Pressluftatmer eingesetzt werden.

2.3 Allgemeine Ausrüstung

Ausrüstung für Gefahrstoffeinsätze ist so vielfältig wie die möglichen Einsatzszenarien und Tätigkeiten. Normbeladung, z.B. festgelegt in der DIN 14555 für den Gerätewagen-Gefahrgut, bildet einen guten Anhaltspunkt. Letztlich stellt sich jede Feuerwehr aber ein individuell auf ihre Gefahren-/Kompetenzschwerpunkte ausgerichtetes Ausrüstungskonzept zusammen, das meistens deutlich über die Normvorgaben hinausgeht, um diese sinnvoll zu ergänzen.

Für die Entwicklung eines Ausrüstungskonzeptes helfen folgende Leitsätze:

- ▶ Nur so viel Ausrüstung vorhalten, wie von Führung und Mannschaft sicher beherrscht werden kann. Richtwert: mindestens 1x jährlich muss alles im Ausbildungsdienst behandelt werden.
- ▶ Anschaffungs- und Folgeaufwände betrachten. Viele Spezialausrüstungen haben einen erhöhten Wartungs- und Prüfaufwand.
- ▶ Für jeden Ausrüstungsgegenstand muss sichergestellt sein, dass er zum richtigen Zeitpunkt mit ausreichend Bedienpersonal am Einsatzort ist (Logistikkonzept).

Leitsätze für Ausrüstung

Nachfolgend sollen ausgewählte Themengebiete zur besonderen Ausrüstung angesprochen werden, die zwar keinen abschließenden Überblick geben, aber die grundsätzliche Auseinandersetzung mit dem Thema Ausrüstung unterstützen sollen.

2.3.1 Kommunikationsausrüstung

Gerade unter vollumschließenden Chemikalienschutzanzügen Typ 1a ist eine Verständigung zwischen den Truppmitgliedern ohne Hilfsmittel sehr schwierig. Die mancherorts noch eingesetzte Zeichensprache ist ausbildungsintensiv, braucht z.T. beide Hände und ist nicht in der Lage, komplexe Sachverhalte zu beschreiben. Unabhängig davon sollte die Ausstattung mit Funk für jeden CSA-Träger heute Standard sein, um in Notsituationen schnell Hilfe anfordern zu können. Da im CSA die Hände in den Handschuhen stecken, ist die Bedienung von Funkgeräten nur durch Zubehör sinnvoll möglich.

Das Zubehör für Kommunikation unter CSA ist vielfältig und umfasst:

Funkgeräte-Zubehör

- ▶ Sprechtaster/Handmikrofone/PTT (Push-to-Talk-Einheiten)
- ▶ Knochenschallmikrofone (z.B. auf der Schädeldecke)
- ▶ Kehlkopfmikrofone
- ▶ Luftschallmikrofone (Montage an Helm oder an/in der Atemschutzmaske)

Gerade bei Nutzung von Digitalfunkgeräten ist zu beachten, dass die unterschiedlichen Zubehör-Komponenten aufeinander abgestimmt sein müssen. Das Passen der Stecker garantiert noch keine akzep-

Abb. 21: Passives Funkgerätezubehör: Sprechtaster und zusätzliches Luftschallmikrofon zur Montage an der Atemschutzmaske

table Sprachqualität, da bei Elektronikkomponenten Verstärkungen, Dämpfungen, Abstrahlungen, Audioprofile und die Lautstärkeeinstellung der Funkgeräte die Sprachqualität erheblich beeinflussen können. Eine ausführliche Erprobung vor der Beschaffung ist daher unbedingt zu empfehlen!

- **Aktive und passive Komponenten**

Passives Funkgerätezubehör wird über die Energieversorgung des Funkgerätes betrieben. Aufwändige Batterielogistik entfällt daher. Das Zubehör bietet keine verstärkende Wirkung und auch keine aktive Signalverbesserung z.B. durch Filtern von Atem- oder Umgebungsgeräuschen. Dafür ist die Kompatibilität mit Funkgeräten prinzipiell besser, da es bei aktiv verstärkten Signalen schneller zum Übersteuern kommen könnte, wenn Zubehör und Funkgerät nicht aufeinander abgestimmt sind.

Abb. 22: Beispiel für maskenintegrierte Kommunikationssysteme: Dräger FPS-COM 7000 und Interspiro Spirocom

- **Kommunikationseinheiten mit Teamfunk**

Mehrere Hersteller von Atemschutzgeräten bieten neuerdings Maskenintegrierte Kommunikationseinheiten mit „Teamfunk/Teamtalk" an. Hierbei besitzen die Kommunikationseinheiten neben der Anschlussmöglichkeit an ein Funkgerät auch ein eigenes Kurzstrecken-Funkmodul, mit dem eine Maske-zu-Maske-Kommunikation ermöglicht wird. Diese Systeme bieten mehrere Vorteile, die besonders im Gefahrstoffeinsatz interessant sein können:

▶ Entlastung des Einsatzstellenfunks: Trupp-interne Kommunikation ohne Relevanz für andere wird nicht übertragen
▶ Duplex-Kommunikation: Hören und Sprechen gleichzeitig erhöht die Sprachqualität
▶ Sprachaktivierung: Für die Verständigung im Trupp braucht kein Sprechtaster betätigt werden, was beim Arbeiten unter CSA sehr hilfreich ist

Da es sich bei diesen Systemen um aktive Komponenten handelt, sollte die Kompatibilität mit anderem Zubehör (Sprechtaster) und Funkgeräten ausführlich vor der Beschaffung getestet werden!

2.3.2 Messtechnik

Die technische Entwicklung macht es heute möglich, dass Geräte zur Messung von Gefahrstoffen immer kleiner, bedienerfreundlicher und preiswerter werden. Dementsprechend sind Gasmessgeräte nicht mehr nur Spezialeinheiten vorbehalten, sondern finden sich vielerorts auch auf Lösch- und sogar Rettungsdienstfahrzeugen.

> **Beispiel:**
>
> Eingas-Messgeräte für Kohlenstoffmonoxid (CO) sind bei Feuerwehr und Rettungsdienst mittlerweile weit verbreitet. Die Kombination aus häufigem Vorkommen von CO auch im häuslichen Bereich (Heizungsdefekte, Suizid…) und einem großen Gefahrenpotenzial (keine Erkennung ohne Messtechnik, große Gesundheitsgefahr) macht die Vorhaltung entsprechender Messtechnik auch abseits von Spezialeinheiten sinnvoll.

Messtechnik für chemische Gefahrstoffe

Folgende Messtechnik für chemische Gefahrstoffe findet sich bei vielen Feuerwehren:

▶ pH-Universalindikatorpapier
▶ Gasmessgeräte und PID
▶ Prüfröhrchen für Gase
▶ Öltestpapier

Abb. 23: CO-Messgerät an einem Rettungsrucksack

Ausrüstung

- **pH-Universalindikatorpapier**

Dieser Teststreifen eignet sich aufgrund seines geringen Anschaffungspreises und der einfachen Bedienung zur breiten Vorhaltung. Der Teststreifen verfärbt sich unmittelbar bei Kontakt mit flüssigen Stoffen (oder angefeuchtet auch mit gasförmigen Stoffen) entsprechend des pH-Wertes des Stoffes. Über eine Farbvergleichs-Skala kann der pH-Wert abgelesen werden. Siehe hierzu auch die ergänzenden Ausführungen im Kapitel 1.4 „pH-Wert"

Abb. 24: Anwendung pH-Universalindikatorpapier

- **Öltestpapier**

Öltestpapier (in Form kleiner Teststreifen) ist in seiner Handhabung ähnlich dem Universalindikatorpapier. Taucht man Öltestpapier in eine Flüssigkeit, verfärbt sich der Teststreifen bei Vorhandensein von Kohlenwasserstoffen (z.B. Öle), während es bei Kontakt mit Wasser seine Ursprungsfarbe behält.

Abb. 25: Anwendung Öltest-Papier mit Motoröl

- **Prüfröhrchen**

Prüfröhrchen sind Glasröhrchen, gefüllt mit einer Chemikalie, die bei Kontakt mit bestimmten Stoffen reagiert. Die Reaktion erfolgt, wenn Umgebungsluft mit einer Pumpe durch das Röhrchen gesaugt wird. An einem Farbumschlag des Röhrcheninhaltes lässt sich ein qualitatives (ja/nein) oder quantitatives (Zahlenwert) Messergebnis ablesen. Prüfröhrchen sind eine punktuelle Messmöglichkeit. Sie messen also einmalig (mit einem Röhrchen) zum jeweiligen Zeitpunkt am jeweiligen Messort. Erst durch mehrere Messungen zu verschiedenen Zeiten und an verschiedenen Orten am Einsatzobjekt können die Messergebnisse ein belastbares Ergebnis liefern, weil beispielsweise Stoffeigenschaften (Stoff ist schwerer/leichter als Luft) zu unterschiedlichen Konzentrationen an unterschiedlichen Orten führen können.

Bei Prüfröhrchen sind je nach Hersteller verschiedene Typen von Röhrchen und entsprechende Anwendungshinweise zu beachten:

Abb. 26: Gefahrstoffmessung mit Prüfröhrchen

- ▶ Doppel-Röhrchen, die mehrfach gebrochen und/oder verbunden werden müssen
- ▶ Simultan-Test-Röhrchen die mittels Adapter verbunden werden oder mehrere Mess-Schichten in einem Röhrchen besitzen
- ▶ Unterschiedliche Hubzahlen für die Röhrchenpumpe, ggf. mehrere Mess-Skalen abhängig von der Hubzahl
- ▶ Besondere Lagerbedingungen (Verfallsdatum, Lagerung im Kühlschrank)
- ▶ Röhrchen können sich nach der Messung ggf. wieder entfärben oder weiter reagieren, daher den Messwert direkt nach der Messung ablesen und am besten per Foto dokumentieren

■ Gasmessgeräte

Gasmessgeräte zeigen kontinuierlich die jeweilige Konzentration aller Stoffe an, die von den eingebauten Sensoren erfasst werden können. Je nach Messgerät können unterschiedlich viele Sensoren eingebaut werden, wobei teilweise mit einem Sensor sogar zwei Stoffe gemessen werden können.

Stoffspezifische Sensoren

Je nach Stoff sind verschiedene Sensoren für die Messung erhältlich. Beispielsweise:

- ▶ Infrarotsensoren (IR)
- ▶ Elektrochemische Sensoren (EC)
- ▶ Katalytische Sensoren (Cat)
- ▶ Halbleitersensoren
- ▶ Photoionisationsdetektoren (PID)

Abb. 27: Eingasmessgerät, Mehrgasmessgerät, PID

Alle Sensoren haben spezifische Vor- und Nachteile, über die sich die Feuerwehr vor der Beschaffung Gedanken machen sollte. Diese können zum Beispiel sein:

▶ Lebenszeit
▶ Vergiftungsresistenz
▶ Spektrum an messbaren Stoffen
▶ Querempfindlichkeiten
▶ Messbereich
▶ Anzeigegenauigkeit
▶ Anzeigegeschwindigkeit
▶ Anschaffungs- und Wartungskosten

Vor- und Nachteile der Sensoren

Gerade die Punkte „Messspektrum" und „Anzeigegeschwindigkeiten" sind auch beim späteren Einsatz und in der Ausbildung zu beachten: Ein „Ex"-Sensor kann beispielsweise je nach Bauart nicht alle denkbaren brennbaren Gase und Dämpfe anzeigen oder nur in sehr hohen Konzentrationen oder er wird durch diese Stoffe schnell vergiftet. Gerade für die Ausbildung lohnt sich außerdem ein Blick in die Datenblätter der Sensoren: Die sogenannte t90-Zeit (Zeit bis der Messwert 90% der tatsächlichen Konzentration anzeigt) gibt einen Überblick, wie träge der Sensor ist – also wie langsam der Trupp vorgehen muss, um korrekte Messwerte zu erhalten.

Typische Sensorbestückungen für Gasmessgeräte in der Feuerwehr sind:

▶ Brennbare Gase (Ex)
▶ Sauerstoff (O_2)
▶ Kohlenstoffmonoxid (CO)
▶ Schwefelwasserstoff (H_2S)

Die Messung von brennbaren Gasen nimmt einen besonders hohen Stellenwert ein. Hierbei gibt es einiges zu beachten:

Messung von brennbaren Gasen

▶ Die Auswahl des Sensortyps hat Auswirkung auf die Anzahl der messbaren Gase. Katalytische Ex-Sensoren haben ein breiteres Spektrum, Infrarot-Sensoren messen beispielsweise keinen Wasserstoff und kein Acetylen.
▶ Ex-Sensoren müssen auf die spezifische untere Explosionsgrenze (siehe Kap. 1.4 zur „UEG") eines Stoffes justiert werden. Nur für die Messung dieses Stoffes ist die Messwert-Anzeige exakt.
▶ Bei Feuerwehren hat sich die Justage des Ex-Sensors auf Nonan oder Hexan etabliert, weil Sensoren bei diesen Stoffen verein-

Ausrüstung

Abb. 28: Mehrgasmessgerät in der Anwendung

facht gesagt ein besonders schlechtes Anzeigeverhalten haben. Dadurch ist bei der Messung vieler anderer Stoffe der angezeigte Messwert höher als die tatsächliche Konzentration und die Feuerwehr hat einen Sicherheitspuffer.

■ Photoionisationsdetektoren (PID)

Diese Messtechnik ist als Sensor in einem Mehrgasmessgerät oder als eigenständiges Messgerät verfügbar. Sie ist eine etwas komplexere Messmöglichkeit, die aber heutzutage in vielen Spezialeinheiten verfügbar ist. Mit dem PID können gewisse Stoffe ionisiert und damit messbar gemacht werden.

Wichtig zu wissen ist, dass der PID nicht stoffspezifisch misst, sondern alle vorhandenen ionisierbaren Gefahrstoffe in der Luft als unspezifisches Summensignal anzeigt. Nur wenn lediglich ein ionisierbarer Stoff vorhanden ist, kann der exakte Konzentrationswert durch Auswahl des passenden „Response-Faktors" im Gerät angezeigt werden.

■ Komplexe Mess- und Analysegeräte

Komplexere Messgeräte bieten neben der Konzentrationsmessung auch oft die Möglichkeit zur Identifikation von Stoffen. Dabei werden die Analyseergebnisse mit Stoffdatenbanken abgeglichen. Die Messgeräte beruhen beispielsweise auf folgenden Messverfahren:

- ▶ Ionen-Mobilitäts-Spektrometer (IMS)
- ▶ Gaschromatographen/Massenspektrometer (GC/MS)
- ▶ Fourier-Transformations-Infrarotspektrometer (FT-IR)
- ▶ Raman-Spektrometer

Die Einsatzmöglichkeiten dieser Geräte zur Stoffanalyse sind beachtlich und seit Einführung der ABC-Erkundungskraftwagen durch den BUND sind IMS-Geräte in vielen Landkreisen verfügbar.

Ionen-Mobilitäts-Spektrometer (IMS)

Exkurs

Das IMS ist in der Lage, gewisse Stoffe durch Ionisierung und Messung der Driftzeit einzelner Moleküle zu detektieren und auszuwerten, um welchen Stoff, bzw. welche Stoffe es sich in der zugeführ-

Abb. 29: IMS in einem ABC-Erkundungskraftwagen

ten Luftprobe handelt. Für die Identifizierung ist ein Abgleich des Spektrogramms mit einer Stoffbibliothek im Gerät notwendig, sodass die Auswertefähigkeiten des IMS stark vom Umfang der hinterlegten Stoffdaten abhängt. Das IMS kann ausschließlich gasförmige Proben verarbeiten.

Die Analysemöglichkeiten der komplexen Mess- und Analysegeräte z.B. in Bezug auf den Aggregatzustand der Proben sind unterschiedlich und sollten vor Anforderung im Einsatz oder gar Beschaffung solcher Messtechnik genauer betrachtet werden. Insbesondere bei schwer identifizierbaren Substanzen („weißes Pulver") leisten diese Analysegeräte aber schon heute wertvolle Dienste.

Da die Anschaffung vieler Gerätetypen aktuell noch sehr teuer ist und die Probeaufbereitung, der Analysebetrieb und die Ergebnisauswertung teilweise großes Fachwissen erfordern, finden sich die meisten der o.g. Geräte nur bei hochspezialisierten ABC-Einheiten wie zum Beispiel den Standorten der Analytischen Task-Force (ATF). Es ist aber davon auszugehen, dass durch die Weiterentwicklung der Messtechniken und sinkende Preise zukünftig deutlich mehr Feuerwehren solche Technik zur Verfügung stehen wird.

■ Wartung und Prüfung von Gasmessgeräten

Gasmessgeräte haben für die Sicherheit der Einsatzkräfte einen ebenso hohen Stellenwert wie Atemschutzgeräte, da die Auswahl der PSA aufgrund der Messwerte geschieht. Während für viele Gerätschaften Prüffristen von 12 Monaten vorgeschrieben sind, gelten für Gasmessgeräte deutlich kürzere Intervalle, da die Messtechnik durch viele Einflüsse (Sensorgifte, Stürze, …) in ihrer Funktion beeinträchtigt werden kann. So eine Fehlfunktion ist unter Umständen weder beim Selbsttest des Gerätes beim Einschalten, noch im laufenden Betrieb (Anzeige: „0") erkennbar, was eine trügerische Sicherheit birgt.

Die Deutsche Gesetzliche Unfallversicherung (DGUV) als Dachorganisation der Feuerwehr-Unfallkassen gibt vor, dass tragbare Gasmessgeräte in regelmäßigen Abständen verschiedenen Prüfungen unterzogen werden müssen, wobei die Vorgehensweise zwischen freiwilligen Einheiten und Berufs-/Werkfeuerwehren variiert:

Ausrüstung

Tab. 3: Prüffristen für tragbare Gasmessgeräte bei freiwilligen Feuerwehren

Prüffristen

Prüfung von Gasmessgeräten, wenn keine Kontrolle und Anzeigetest vor Einsatz möglich (z.B. Freiwillige Feuerwehren)				
Kontrolle	Wann?	Wie?	Wer?	Qualifikation
Sichtkontrolle	vor Benutzung	Sichtkontrolle	Unterwiesene Person	Unterweisung durch qualifiziertes Fachpersonal
Anzeigetest mit Prüfgas	alle 4 Wochen	Prüfgas	Unterwiesene Person	Unterweisung durch qualifiziertes Fachpersonal
Funktionskontrolle	nach jeder Benutzung, spätestens alle 4 Monate	Kalibrierstation	Qualifiziertes Personal	Qualifikation durch Hersteller
Systemkontrolle	1 Jahr	Kalibrierstation	Befähigte Person	Tiefgreifende Ausbildung (i.d.R. Herstellerservice)
Kontrolle der Aufzeichnungen	3 Jahre	Kalibrierstation	Befähigte Person	Tiefgreifende Ausbildung (i.d.R. Herstellerservice)

Tab 4: Prüffristen für tragbare Gasmessgeräte bei Berufs- und Werkfeuerwehren

Prüfung von Gasmessgeräten, wenn tägliche Kontrolle und Anzeigetest vor Schichtbeginn möglich (z.B. Berufsfeuerwehren, Rettungsdienste, Werkfeuerwehren)				
Kontrolle	Wann?	Wie?	Wer?	Qualifikation
Sichtkontrolle und Anzeigetest mit Prüfgas	vor jeder Arbeitsschicht	Sichtkontrolle und Prüfgas	Unterwiesene Person	Unterweisung durch qualifiziertes Fachpersonal
Funktionskontrolle	4 Monate	Kalibrierstation	Qualifiziertes Fachpersonal	Qualifikation durch Hersteller
Systemkontrolle	1 Jahr	Kalibrierstation	Befähigte Person	Tiefgreifende Ausbildung (i.d.R. Herstellerservice)
Kontrolle der Aufzeichnungen	3 Jahr	Kalibrierstation	Befähigte Person	Tiefgreifende Ausbildung (i.d.R. Herstellerservice)

Ausrüstung

Bump-Test und Funktionskontrolle

Da freiwillige Einheiten keine Möglichkeit haben, vor Einsatzbeginn einen Begasungstest mit Prüfgas (sogenannter „Bump-Test") durchzuführen, wird die Prüfung auf nach dem Einsatz/Gebrauch (hierzu zählen auch Übungen) verschoben. Dafür wird dann die höherwertige „Funktionskontrolle" nach jedem Gebrauch gefordert, was eine Kalibrierung/Justage beinhaltet. Hierzu ist zusätzliche Ausbildung und Ausrüstung erforderlich. Aufgrund der Häufigkeit der Prüfungen erscheint es praktikabel, die Ausrüstung und Qualifikation zur Prüfung in der Einheit oder auf überregionaler Ebene vorzuhalten.

> Keinesfalls sollten sich Feuerwehren von der Bezeichnung „wartungsfrei" irreführen lassen. Hiermit wird lediglich ausgedrückt, dass das Gasmessgerät keine „Wartung" im Sinne von z.B. Batterie- oder Sensorwechsel im angegebenen Zeitraum benötigt. Die „Prüfung" entsprechend den Vorgaben der DGUV ist auch bei diesen Geräten notwendig, so wie ein Fahrzeug zwar nicht zwingend zur Inspektion, aber unbedingt regelmäßig zur Hauptuntersuchung („TÜV") muss.

2.3.3 Ausrüstung zum Abdichten

Zur Lagestabilisierung bei Gefahrstoffaustritten ist das Abdichten von Leckagen die oftmals bevorzugte Maßnahme. Durch die Abdichtung bleibt der Gefahrstoff an/in seinem ursprünglichen Ort, eine Ausbreitung und Kontamination weiterer Gegenstände unterbleibt.

Die Ausrüstung hierfür ist vielfältig, entsprechend der großen Bandbreite an Leckage-Arten.

Tab. 5: Übersicht von Dichtausrüstung

Ausrüstung	Varianten	Eignung für…	Vorteile	Bemerkung
 Abb. 30: Keile	• Holz • Kunststoff • Aufblasbar	Kleine Leckagen mit Loch- oder Riss-Form	Einfache Handhabung	Materialbeständigkeit beachten! Hammer (funkenfrei) benötigt!

44

Tab. 5: Übersicht von Dichtausrüstung *(Forts.)*

Ausrüstung	Varianten	Eignung für…	Vorteile	Bemerkung
Abb. 31: Dichtplatten	• Platten aus versch. Materialien • Fixierung mit Spanngurten	Leckagen an ebenen Flächen	Geringer Platzbedarf im Fahrzeug	Handhabung der Spanngurte üben! Ggf. Kantholz verwenden, um zielgerichteten Druck auf die Leckage aufzubauen
Abb. 32: Dichtkissen	• Flache Kissen mit Dichtplatten und Fixiergurten • Runde Dichtstopfen für Rohre/Schächte/ runde Leckagen	Größere Leckagen an ebenen Flächen Dichtsetzen von Rohren oder Einlaufschächten	Hoher Anpressdruck auf größerer Fläche	Handhabung muss regelmäßig geübt werden! Kissen müssen vor Aufblasen fixiert werden! Druckluft oder Handpumpe benötigt!
Abb. 33: Dichtpaste	• Verschiedene Beständigkeiten	Kleine, komplexe Leckage-Geometrien (z.B. beim Eindringen v. Fremdkörpern in Tankwände)	Genau auf Leckage anpassbar	Verarbeitungshinweise beachten! Schwer von PSA und Material entfernbar, Hilfsmittel zum Auftragen nutzen!
Abb. 34: Dichtband	• Selbstverschweißend	Leckagen an Rohrleitungen mit kleinen Durchmessern	Gute Dichtwirkung, geringer Platzbedarf	Handhabung üben! Trennfolie bei der Verarbeitung vom Band entfernen!

Tab. 5: Übersicht von Dichtausrüstung *(Forts.)*

Ausrüstung	Varianten	Eignung für...	Vorteile	Bemerkung
Abb. 35: Dichtschlauch	• Befüllt mit Druckluft • ggf. in Kombination mit Dichtplatten	Leckagen an druckbeaufschlagten Leitungen	Dichtet auch Leckagen mit hohem Druck (mehrere bar) ab	Handhabung üben!
Abb. 36: Kanalabdichtung	Dichtung durch Eigengewicht oder Befüllung mit Sand/Wasser	Abdichten von Kanaleinläufen	Einfache Handhabung	Füllmedium bereithalten!
Abb. 37: Werkzeug	• Hammer • Zangen • Maulschlüssel • Rollgabelschlüssel („Engländer")	Dichten von Flanschen Schließen beschädigter Kugelhähne	Sehr wirkungsvolle Maßnahme	Wenn möglich Werkzeug aus nicht-funkenreißendem Material benutzen!

Die Bandbreite an verfügbarer Ausrüstung ist groß und das Vorhalten verschiedener Dichtmaterialien vergrößert die Handlungsmöglichkeiten. Letztendlich ist aber jede Leckage individuell und erfordert Improvisation, Erfahrung und Kreativität. Auch Ausrüstung aus anderen Einsatzbereichen können wertvolle Dienste leisten, wie beispielsweise die nachfolgend dargestellte Anwendung eines Stabilisierungssystems aus der Technischen Hilfeleistung zeigt.

Ausrüstung

Abb. 38: Improvisierte Abdichtung mit Dichtplatte und Stab-Fast-System

Ausrüstung

2.3.4 Ausrüstung zum Auffangen

Das Auffangen von flüssigen und festen Gefahrstoffen ist eine weitere Maßnahme zur Lagestabilisierung. Tabelle 6 zeigt Materialien und Gerätschaften, die beispielsweise eingesetzt werden können.

Tab. 6: Materialien zum Auffangen von flüssigen und festen Gefahrstoffen

Ausrüstung	Varianten	Auffangen von…	Vorteile	Bemerkung
Abb. 39: Auffangbehälter	Vorgeformt aus • Kunststoff • Stahl/Alu • Edelstahl	ca. 1 – 50 Liter	Schnell einsetzbar Nutzung vorhandener Materialkisten	Benötigt Stauraum im Fahrzeug Unterschiedliche Beständigkeiten der Behältermaterialien
Abb. 40: Auffangwanne	• pneumatisch • klappbar • selbstaufrichtend aus Kunststoff	ca. 50 – 2.000 Liter	Schnell einsetzbar	Ggf. Druckluft benötigt Folgemaßnahme (Abpumpen) erforderlich
Abb. 41: Überfässer/IBC	• Kunststoff • Edelstahl	ca. bis 1.000 Liter	Schnell einsetzbar Einfacher Abtransport/Lagerung	Transport nur mit passenden Fahrzeugen (Ladefläche, Ladebordwand) und Zusatzausrüstung möglich
Abb. 42: Sand/Bindemittel	• direktes Binden kleinerer Mengen • Aufschütten von Dämmen	Abhängig von der Umgebung und der verfügbaren Menge	Einfache Handhabung Ausnutzung örtlicher Gegebenheiten	Schaufeln benötigt! Nicht für höhere Fließgeschwindigkeiten! Relativ undicht

Tab. 6: Materialien zum Auffangen von flüssigen und festen Gefahrstoffen *(Forts.)*

Ausrüstung	Varianten	Auffangen von…	Vorteile	Bemerkung
Abb. 43: Mobile Dammsysteme	• feste Wandsysteme • selbstaufrichtende Systeme auf Rolle	Abhängig von der Umgebung	Auffangen großer Mengen Ausnutzung örtlicher Gegebenheiten Deutlich bessere Dichtigkeit als bei improvisierten Dämmen	Nutzung für weitere Anwendungen möglich (Hochwasser, Ölwehr)
Abb. 44: Auffangschläuche	• Ein- oder Mehrkammerschläuche • Versch. Längen/Fassungsvermögen • Als Damm oder Behälter nutzbar	Längenabhängig als Behälter bis zu ca. 23.500 Liter	Als Damm oder Behälter nutzbar Großes Fassungsvermögen	Beschädigung durch spitzen Untergrund ausschließen! Nutzung für weitere Anwendungen (Hochwasser, Ölwehr)
Abb. 45: Improvisierte Auffangbehälter	• Gefüllte B-Schläuche • im Kreis gekuppelte A-Saugschläuche mit Plane • Steckleitergerüst mit Plane	Längenabhängig Bei 4 Sauglängen ca. 300 Liter Bei Steckleitergerüst ca. 1.500 Liter	Beruht auf vielfach vorhandener Ausrüstung	Personalaufwändig Plane benötigt

2.3.5 Ausrüstung zum Ab- und Umpumpen

Für das Ab- bzw. Umpumpen von Gefahrstoffen können unterschiedlichste Pumpen und Zubehörkomponenten verwendet werden.

Die Auswahl der Pumpe im Einsatz richtet sich vor allem nach der Beständigkeit gegenüber dem Gefahrstoff, der Verfügbarkeit und dem zu pumpenden Volumen. Bei der Anschaffung und Vorhaltung von Pumpen ist es empfehlenswert, eine möglichst hohe Kompatibilität der Komponenten anzustreben, sodass beispielsweise (Ex-geschützte) Energieversorgung, Schläuche und Zubehör für mehrere Pumpen genutzt werden können.

Tab. 7: Auswahl der gebräuchlichsten Pumpenarten

Ausrüstung	Varianten	Fördermenge	Vorteile	Bemerkung
Abb. 46: Handmembranpumpe		ca. 100 Liter/min.	Keine Spannungs-versorgung notwendig Selbstansaugend Auch für unreine/zähflüssige Medien geeignet	Bindet/belastet Einsatzkräfte während des Pumpvorgangs
Abb. 47: Fasspumpe	Pumpwerk: • Kunststoff • Edelstahl	ca. 200 Liter/min.	Einfache Handhabung Kein Saugzubehör notwendig	Beständigkeit Pumpwerk beachten!
Abb. 48: Schlauchpumpe		ca. 150/300 Liter/min.	Pumpenmechanik kommt nicht mit Medium in Berührung Selbstansaugend	Handhabung komplex, regelmäßig üben!

Tab. 7: Auswahl der gebräuchlichsten Pumpenarten *(Forts.)*

Ausrüstung	Varianten	Fördermenge	Vorteile	Bemerkung
Abb. 49: Tauchpumpe		ca. 500 Liter/min.	Weit verbreitet Auch für andere Einsatzarten nutzbar	Nur für risikoarme Gefahrstoffe nutzbar, z.B. Gülle oder Milch i.d.R. nicht Ex-geschützt und nicht chemikalienbeständig

2.3.6 Sonstige Erkundungsausrüstung

Viele kleine Hilfsmittel können dazu beitragen, Informationen während der Erkundung schneller zu erfassen oder zu übermitteln. Nachfolgend einige Beispiele, wobei der Kreativität vieler Feuerwehren keine Grenzen gesetzt sind:

■ Fernglas

Einfach aber wirkungsvoll: Das Fernglas ist für viele Gefahrstoffeinsätze eines der wichtigsten Hilfsmittel für die Erkundung.

Allzu oft setzen sich Einsatzkräfte bei der Erkundung unnötigen Gefahren aus, indem sie zu nah ans Schadenobjekt ohne geeignete Schutzausrüstung gehen. Auch werden Einsatzmaßnahmen manchmal zu spät oder nicht zielorientiert genug durchgeführt, weil die Lageerkundung erst durch den Trupp unmittelbar am Gefahrenobjekt geschieht.

Per Fernglas lassen sich aus sicherer Entfernung (standardmäßig 50 m zum Gefahrenobjekt) bereits viele Details erkennen und Maßnahmen zielgerichtet planen, ohne dass Einsatzkräfte in den Gefahrenbereich vorgehen müssen.

Gerade in der ersten (GAMS-) Einsatzphase, in der Personal und geeignete Ausrüstung knapp sind, kann damit das Erkundungsergebnis bei begrenzten Ressourcen verbessert werden. Ein Fernglas sollte daher zur Ausstattung jeder Feuerwehr gehören.

Ausrüstung

Abb. 50: Ein Fernglas gehört zur Grundausrüstung für die Erkundung – nicht nur bei Gefahrstoffeinsätzen

- **Wärmebildkamera**

  Ursprünglich für Brandeinsätze bei den Feuerwehren konzipiert, leisten Wärmebildkameras auch bei Gefahrstoffeinsätzen wertvolle Unterstützung, besonders bei folgenden Anwendungen:

  ▶ Groberkundung bei schlechter Sicht (z.B. Personen im Gefahrenbereich bei Gaswolken oder Dunkelheit) (Abb. 51)
  ▶ Ermittlung von Füllständen undurchsichtiger Behälter (Abb. 52)
  ▶ Erkennen der Ausbreitung von klaren Flüssigkeiten auf nassen Untergründen oder in Gewässern (Abb. 53)
  ▶ Erkennen von Leckagen an Druckbehältern durch Entspannungskälte (Abb. 54)
  ▶ Erkennen von Flüssigkeits-Versickerungen im Boden durch Verdunstungskälte (Abb. 55)

Ausrüstung

WBK im Gefahrstoffeinsatz

Abb. 51: Groberkennung bei schlechter Sicht

Abb. 52: Ermittlung von Füllständen undurchsichtiger Behälter

 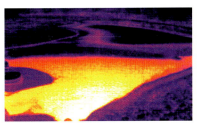

Abb. 53: Ausbreitung von klaren Flüssigkeiten

 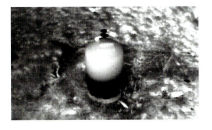

Abb. 54: Leckage an Druckbehälter

Abb. 55: Flüssigkeitsversickerung im Boden

WBK-Eigenschaften bei Gefahrstoffeinsatz

Bei der Auswahl und Verwendung von Wärmebildkameras sollte speziell für den Gefahrstoffeinsatz auf folgende Punkte wert gelegt werden:

- ▶ Hohe Temperaturauflösung auch bei Normalbedingungen, um geringe Temperaturunterschiede sichtbar zu machen
- ▶ Standbild, Bildspeicher und Fernübertragung erleichtern die Kommunikation und Dokumentation
- ▶ Wasserschutz (z.B. IP67) erleichtert spätere Dekontamination
- ▶ Ex-Geschützte Geräte verwenden oder durch Mitnahme eines Ex-Messgerätes explosionsgefährliche Bereiche ausschließen

■ Tragekörbe für CSA-Trupps

Beim Vorgehen unter Chemikalienschutzanzügen hat der Angriffstrupp oft Probleme, die benötigte Ausrüstung mitzuführen. In der Regel haben CSA keine Taschen (problematisch für Dekontamination), sodass meist nur die Hände zum Transport von Geräten bleiben. Hier bietet es sich an, im Vorfeld Ausrüstung bedarfsgerecht zusammenzustellen und in leicht transportable Behältnisse zu packen.

Typische Anwendungen sind zum Beispiel:

Tragekorb „Erkundung":

- ▶ Mehrgasmessgerät
- ▶ pH-Indikator/Öltestpapier
- ▶ ggf. Prüfröhrchen und Röhrchenpumpe nach lokaler Messstrategie
- ▶ Wärmebildkamera
- ▶ Markierungshilfen (Wachsstift oder Stellschilder)

Tragekorb „Abdichten":

- ▶ Funkenfreies Handwerkzeug
- ▶ Keile
- ▶ Leckdichtpaste
- ▶ Spanngurt und Dichtplatten

Ausrüstung

Abb. 56: Tragekorb Erkundung

Abb. 57: Tragekorb mit Abdichtmaterial

Ausrüstung

3 Besondere Themengebiete

3.1 Erkennen von Gefahrstoffen

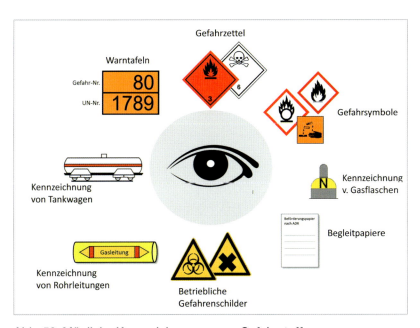

Abb. 58: Mögliche Kennzeichnungen von Gefahrstoffen

Transport, Lagerung und betriebliche Verwendung von Gefahrstoffen unterliegen in Deutschland strengen Pflichten, zum Beispiel in Bezug auf die Kennzeichnung. Oftmals ist bereits durch diese spezifische Kennzeichnung Folgendes zu erkennen:

Besondere Themengebiete

- ▶ Grundsätzlicher Hinweis auf einen Gefahrstoff
- ▶ Art des Gefahrstoffes, bzw. davon ausgehende Hauptgefahr
- ▶ Ggf. Hinweise zur Stoffidentifikation (z.B. UN-Nummer)

So hilfreich die Kennzeichnungen im Einsatz auch sind, so vielfältig sind sie leider auch. Feuerwehren sollten daher Zugriff auf entsprechende Nachschlagewerke haben, mit denen Kennzeichnungen zugeordnet und interpretiert werden können. Außerdem sollte eine Stoffidentifikation per UN-Nummer/Stoffnummer möglich sein und es sollten erste Hinweise zum Umgang mit dem Gefahrstoff gegeben werden. Typische Nachschlagewerke sind:

Nachschlagewerke

- ▶ Kurzinformationen als Taschenbuch, z.B.:
  - Gefahrgut-Ersteinsatz
  - Notfallhelfer Gefahrgut
- ▶ Stoffinformationen, gedruckt oder als elektronische Version, z.B.:
  - ERI-Cards
  - Hommel
  - Gestis
  - diverse weitere Datenbanken und Apps

Abb. 59: Transportunfälle sind typischer Anlass für Gefahrstoffeinsätze

Besondere Themengebiete

Die Leitstellen der Feuerwehren verfügen ebenfalls über umfangreiche Nachschlagemöglichkeiten, auf die auch normale Einheiten der Feuerwehr per Funk zurückgreifen können.

Gefahrstoffkennzeichnung durch besondere Nummern

Exkurs

Namen von chemischen Stoffen sind oft komplex und können durch Trivialnamen (z.B. Acetylen für den Stoff Ethin) oder abweichende Namen in anderen Sprachen (z.B. hydrocloric acid für Salzsäure, bzw. Chlorwasserstoffsäure) eine genaue Identifikation erschweren. Gleiches gilt für chemische Summenformeln, die für Laien in der Regel nicht zu deuten sind.

Im Feuerwehreinsatz hilft daher neben grafischen Darstellungen wie Gefahrsymbolen oder Gefahrzetteln der Bezug auf Kennzeichnungsnummern.

■ *Gefahrnummer*

Die Gefahrnummer (ehem. Kemler-Zahl) beschreibt die Gefahr, die von einem Stoff ausgeht, ohne ihn allerdings genau zu identifizieren. Die Kennziffern sind verschiedenen Gefahrengruppen zugeordnet, die in den üblichen Nachschlagewerken erläutert sind. Zusätzlich gilt:

- ▶ *Ein X vor der Gefahrnummer weist auf eine Gefahr bei Kontakt des Stoffes mit Wasser hin*
- ▶ *Eine Verdoppelung der Nummer weist auf eine erhöhte Gefahr hin (z.B. 3 = entzündlich, 33 = leicht entzündlich)*
- ▶ *Kombinationen verschiedener Nummern weisen auf Haupt- und Nebengefahren hin (z.B. 336 = leicht entzündlicher flüssiger Stoff, giftig) oder beschreiben besondere Gefahren (z.B. 606 = ansteckungsgefährlicher Stoff)*

Durch Auswertung der Gefahrnummer ist in der Regel eine erste Einschätzung der Gefahr und der Stoffeigenschaften möglich und es können bereits Einsatzmaßnahmen abgeleitet werden.

Besondere Themengebiete

- *UN-Nummer*

Konkretere Informationen zur Gefahr und den Stoffeigenschaften ergeben sich aber erst durch die genaue Identifikation des Stoffes. Hierzu dient die international verwendete UN-Nummer (Stoffnummer). Prinzipiell hat jeder Gefahrstoff zur Transportkennzeichnung eine UN-Nummer für die eindeutige Identifikation (z.B. UN 1203 = Benzin), wobei einige Stoffe auch in Gruppen zusammengefasst sind (z.B. UN 2902 = Pestizid, flüssig, giftig, N.A.G.; wobei N.A.G. für „nicht anderweitig genannt" steht).

- *CAS-Nummer*

Die CAS-Nummer erlaubt ähnlich der UN-Nummer eine genaue Identifikation des Stoffes. Die CAS-Nummer folgt allerdings einem eigenen internationalen System (Chemical Abstracts Service) als

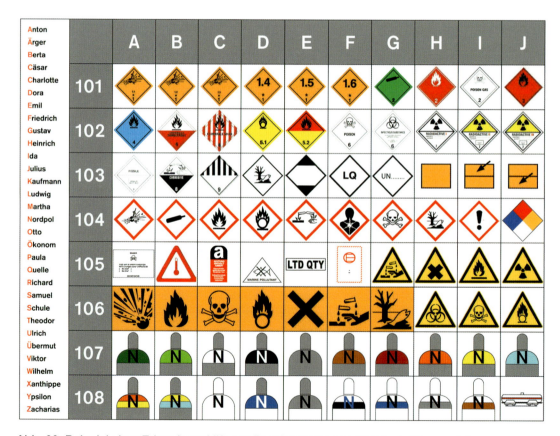

Abb. 60: Beispiel einer Erkundungshilfe zur Beschreibung von Gefahrstoffkennzeichnung

Besondere Themengebiete

Bezeichnungsstandard für chemische Stoffe, der gegenüber der UN-Nummer oft eine noch genauere Stoffidentifikation ermöglicht. Diese Nummer ist zwar nicht primär zur Kennzeichnung von Gefahrstoffen gedacht, durch die Nennung auf Sicherheitsdatenblättern ist sie aber oft verfügbar und sollte (auch als Ergänzung zur UN-Nummer) als Informationsquelle ausgewertet werden.

Nicht alle Kennzeichnungen sind geläufig und leicht beschreibbar. Damit in der Kommunikation per Funk keine Missverständnisse entstehen, bietet es sich an, eine Beschreibungshilfe für den Angriffstrupp und Gruppenführer zu entwickeln, mit der auch komplexe Beschilderungen eindeutig beschrieben werden können.

> Unabhängig von vorgeschriebenen Kennzeichnungen sollten sich die Einsatzkräfte auch immer auf ihre eigene Wahrnehmung verlassen. Folgende Indizien deuten auf eine Beteiligung von Gefahrstoffen hin:
> - Austritt von Stoffen aus Lager- oder Transportbehältern
> - Eigenartige Gerüche, Geschmäcker, Brennen in den Augen
> - Verletzungsmuster wie Atemwegsreizungen oder Verätzungen
> - Generell „unstimmige" Lagen

Erfahrungswerte belegen oft, dass man sich nie ausschließlich auf offensichtliche Kennzeichnungen verlassen darf:

▶ Kennzeichnungen an Fahrzeugen werden nach dem Transport nicht abgenommen oder leere Behälter für Gefahrstoffe mit entsprechender Kennzeichnung werden zweckentfremdet (z.B. als Wasserbehälter in der Landwirtschaft)
▶ Fahrzeuge oder Behälter werden nicht (ausreichend) gekennzeichnet, um z.B. Transportauflagen zu umgehen
▶ Gefahrguttransporte müssen bei geringen Mengen nur Kennzeichnungen auf den Versandstücken, nicht aber außen auf dem Fahrzeug haben (Überraschung garantiert!)

Fehlerhafte Kennzeichnungen

3.2 Maßnahmen gegen Ausbreitung

Gefahrstoffeinsätze sind oft sehr dynamische Lagen. Das ergibt sich vor allem dann, wenn durch einen Gefahrstoff-Austritt die Kombination von gefährlichen Stoffeigenschaften und permanenter Ausbreitung eine ständige Potenzierung der Gefahren an der Einsatzstelle ergibt.

Ein wesentliches Ziel der Einsatzmaßnahmen bei einem anhaltenden Stoffaustritt sollte es also sein, die Ausbreitung bestmöglich zu unterbinden und die dynamische in eine statische Lage zu überführen.

Bei vielen Einsatzlagen können verschiedene Maßnahmen gegen Ausbreitung parallel ergriffen werden. Entweder als Redundanz und „Plan B", falls eine andere Maßnahme scheitert, oder als unterstützende Maßnahme zur zusätzlichen Lagestabilisierung.

> Eine Priorisierung der möglichen Maßnahmen gegen Ausbreitung sollte folgende Aspekte berücksichtigen:
> - Aufwand, Nutzen und Erfolgswahrscheinlichkeit
> - Verfügbares Personal und notwendige (Schutz-)Ausrüstung
> - Verfügbare Gerätschaften
> - Rahmenbedingungen an der Einsatzstelle

3.2.1 Abdichten

Im Aufwand-Nutzen-Verhältnis ist das Abdichten einer Leckage anderen Maßnahmen meist deutlich überlegen. Ist das Abdichten erfolgreich, verbleibt der restliche Gefahrstoff an seinem ursprünglichen (meistens sicheren und für den Gefahrstoff geeigneten) Ort. Seitens der Feuerwehr werden lediglich die Materialien zum Abdichten kontaminiert und gebunden.

Eine zusätzliche Kontamination von Flächen (z.B. beim Eindeichen) und Material (z.B. beim Umpumpen) oder eine Lageänderung (z.B. durch große ausgasende Oberflächen von Flüssigkeiten in Auffangwannen) werden dadurch vermieden.

Die meisten Gerätschaften zum Abdichten sind einfach zu handhaben, schnell in der Anwendung und stehen durch ihr geringes Packmaß häufiger und schneller an der Einsatzstelle bereit als Pumpen oder Auffangbehälter.

Besondere Themengebiete

Es gibt jedoch auch Argumente, die gegen das Abdichten sprechen:

Argumente gegen Abdichten

Beim Abdichten ist es meist erforderlich, direkt an der Schadensstelle zu arbeiten oder die Leckagen befinden sich unter/auf Behältern und sind nur schwer erreichbar. Gefahren (z.B. durch Elektrizität an Bahnanlagen) oder sonstige Hindernisse können das Abdichten ebenfalls erschweren. Wenn die Größe oder die Komplexität der Leckage erwarten lässt, dass ein Abdichten sehr aufwändig und langwierig ist, sollten andere Maßnahmen bevorzugt werden.

Zusätzlich ist zu beachten, dass beim Abdichten der vorgehende Trupp mit hoher Wahrscheinlichkeit mit dem Gefahrstoff kontaminiert wird. Steht geeignete PSA oder Dekontamination noch nicht zur Verfügung oder ist das Risiko durch die Eigenschaften des Gefahrstoffs oder Gefahren an der Einsatzstelle zu groß, bieten sich andere Maßnahmen an, die auch in einiger Entfernung und ohne direkten Kontakt zum Schadensobjekt durchgeführt werden können (z.B. Eindeichen).

3.2.2 Auffangen

Diese Maßnahme bietet sich besonders bei kleineren Leckagen an, wenn geeignete Gerätschaften zügig vorhanden sind und das Abdichten zu viel Zeit benötigen würde. Auch während des Abdichtens ist das Auffangen zwischenzeitlich austretender Stoffe eine sinnvolle parallele Maßnahme.

Der Erfolg des Auffangens ist stark abhängig von den verfügbaren Gerätschaften, der Leckrate (Volumenstrom mit dem der Gefahrstoff austritt), der möglichen Rest-Austrittsmenge und der Abstimmung mit weiteren Maßnahmen.

Achtung:

Wird das Auffangen mit offenen Behältnissen (z.B. Wannen), durch Eindeichen oder durch Abbinden mit Bindemittel durchgeführt, muss unbedingt geprüft werden, wie sich der Gefahrstoff bei einer Oberflächenvergrößerung verhält! Insbesondere flüssige Gefahrstoffe, die unter den Umgebungsbedingungen der Einsatzstelle gefährliche Dämpfe entwickeln, können durch das Auffangen zu einer zusätzlichen Ausbreitung und Lageverschlechterung führen.

Besondere Themengebiete

> Zeitgleich zur eigentlichen Maßnahme müssen beim Auffangen folgende Punkte berücksichtigt werden:

Checkliste 1

Auffangen

- ❏ Ist der Auffangbehälter dauerhaft beständig gegen den Stoff?
- ❏ Reicht die Größe des Behälters zum Auffangen aus?
- ❏ Was geschieht mit dem Stoff im Behälter (Folgemaßnahmen)
- ❏ Kann ich im Einsatzverlauf auf eine geeignetere Maßnahme oder ein geeigneteres Behältnis wechseln?

Beispiel:

Leckage an einem Tankwagen, Inhalt 20.000 Liter, Leckrate 100 Liter/Minute.

Ohne zusätzliche Hilfsmittel und Maßnahmen würde eine Auffangwanne mit 1.000 Liter Fassungsvermögen nach zehn Minuten ihre lagestabilisierende Wirkung verlieren.

In Kombination mit einer geeigneten Gefahrstoffpumpe, Förderleistung > 100 Liter/min. lässt sich ein Kreislauf herstellen, der in jedem Fall ausreichend Zeit gibt, das Problem anderweitig zu lösen.

Abb. 61: „Pumpen im Kreis" als Maßnahme zur Lagestabilisierung bei zu kleiner Auffangwanne

3.2.3 Ab-/Umpumpen

Der Einsatz von Pumpen wird erforderlich, wenn (vor allem flüssige) Gefahrstoffe unter kontrollierten, abgeschlossenen Bedingungen in ein anderes Behältnis umgefüllt werden sollen. Dies gilt besonders, wenn dabei Höhenunterschiede oder längere Strecken überwunden werden müssen.

Pumpen für Gefahrstoffe sind komplexes und kostenintensives Spezialequipment. Daher benötigen sie durch ihre geringere örtliche Verbreitung im Vergleich zu Gerätschaften zum Auffangen und Abdichten mehr Vorlaufzeit und eine aufwändigere Logistik im Hintergrund (z.B. Ex-geschützte Spannungsversorgung und Pumpenzubehör).

> **Achtung:**
>
> Beim Einsatz von Pumpen ist die Erdung aller Komponenten (Schadensobjekt, Pumpe, Schläuche, Armaturen, Auffangbehälter) unbedingt erforderlich. Außerdem sollte auf einen flachen Auslauf im Auffangbehälter geachtet werden, um statische Aufladungen und Flüssigkeitsspritzer zu vermeiden.

Die Auswahl der Pumpe erfolgt nach folgenden Kriterien:

- Eignung für das zu pumpende Medium (z.B. Korngröße bei Verunreinigungen, Viskosität, Beständigkeit)
- Förderleistung und voraussichtlich zu pumpendes Volumen
- Eignung für das Behältnis auf Saugseite und auf Auslass-Seite: ggf. notwendige Übergangsstücke und Dichtungen
- Notwendiges Zubehör und Verfügbarkeit aller Materialien
- Spätere Dekontaminierbarkeit der Ausrüstung

Folgende praktische Hinweise können für den Pumpenbetrieb nützlich sein:

> **Checkliste 2**
>
> **Pumpenbetrieb**
> ☐ Beständigkeit der Pumpe und Zubehör prüfen

Besondere Themengebiete

Checkliste 2 *(Forts.)*

❑ Erdung und flachen Auslauf des Mediums sicherstellen
❑ Prüfen, ob Stoff gefahrlos zu pumpen ist (keine hohe Reaktivität)
❑ Kugelhähne an beiden Enden des Pumpe-Schläuche-Systems platzieren. Dadurch können Gefahrstoff-Restmengen im System bis zur späteren Dekontamination/Entsorgung sicher zurückgehalten werden.
❑ Pumpendrehrichtung überprüfen; zum Betrieb wenn möglich Aggregate und Leitungen der Feuerwehr verwenden.

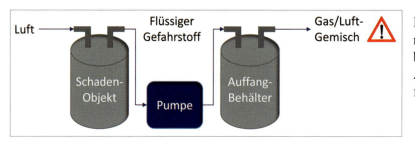

Bei Flüssigkeiten mit niedrigem Siedepunkt besteht die Gefahr des Ausgasens am Auffangbehältnis.

Abb. 62: Gefahr des Ausgasens bei niedrig siedenden Gefahrstoffen

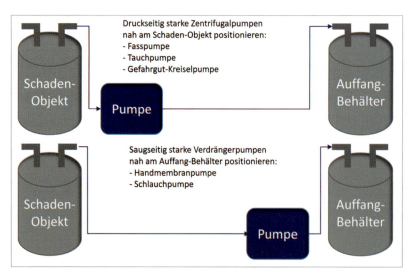

Das Wirkprinzip der Pumpe bestimmt den idealen Aufstellort.

Abb. 63: Aufstellort der Pumpe, abhängig vom Wirkprinzip

3.2.4 Verdünnen

Das Verdünnen von flüssigen Gefahrstoffen ist vor allem für zwei Zwecke im Einsatz vorstellbar:

▶ Herabsetzen der Brennbarkeit
▶ Ändern des pH-Wertes von Säuren oder Laugen

Das Herabsetzen der Brennbarkeit von flüssigen Gefahrstoffen durch Verdünnen funktioniert grundsätzlich nur bei Stoffen, die mit Wasser mischbar sind, z.B. Alkohol. Andere Stoffe wie zum Beispiel Benzin schwimmen auf Wasser und lassen sich nicht verdünnen. Lässt sich ein Stoff mit Wasser mischen, verringert sich durch die Zugabe von Wasser die relative Gefahrstoffkonzentration und damit die Brennbarkeit.

Je nach Rahmenbedingungen (Temperatur, Zuckergehalt, …) brennt beispielsweise Alkohol in Konzentrationen ab ca. 30 vol. %. Aus diesem Grund brennen hochprozentige Spirituosen, Bier hingegen nicht.

Um die Brennbarkeit eines Gefahrstoffes signifikant zu reduzieren, müssen je nach Stoff sehr große Mengen Wasser zugefügt werden.

> **Beispiel:**
>
> Ein Behälter mit 1.000 Liter Methanol brennt. Das Methanol hat eine Konzentration von 70 vol. %. Die Feuerwehr möchte die Konzentration auf unter 30 vol. % verdünnen. Dazu müsste die 1,3-fache Menge Wasser hinzugefügt werden, also zusätzlich ca. 1.300 Liter! Eine zwischenzeitliche Ausbreitung durch Überlaufen des Behälters mit Vergrößerung der brennenden Fläche wäre zu erwarten.

Abb. 64: Laborversuch zum Verdünnen brennbarer Flüssigkeiten (hier Alkohol) mit Wasser

Besondere Themengebiete

Auch das Verdünnen von Säuren oder Laugen mit Wasser ist grundsätzlich durchführbar, benötigt aber noch größere Wassermengen. Außerdem ist bei hoch konzentrierten Gefahrstoffen eine starke Reaktion mit Wasser möglich!

Als grobe Orientierung gilt:

Ändern des pH-Wertes

Das Ändern des pH-Wertes einer Flüssigkeit um eine Stufe benötigt die 10-fache Menge an Wasser (Quelle: J. Koschig, „Allgemeine Chemie: pH-Wert-Messung & Brandlehre". ABC-Symposium Siegen, 2012).

Beispiel:

Um ein 200 Liter Fass mit einer Säure pH=2 auf einen annähernd neutralen Wert von pH = 6 zu verdünnen, würden ca. 2.222.000 Liter Wasser benötigt! Das Entspricht ungefähr dem Inhalt eines Sees mit einer Fläche von 100 x 11 m und einer Tiefe von über 2 m.

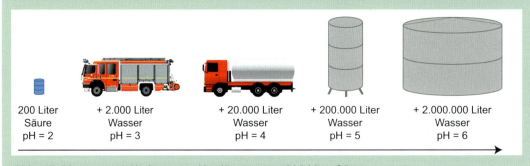

| 200 Liter Säure pH = 2 | + 2.000 Liter Wasser pH = 3 | + 20.000 Liter Wasser pH = 4 | + 200.000 Liter Wasser pH = 5 | + 2.000.000 Liter Wasser pH = 6 |

Abb. 65: Mengenverhältnisse zum Verdünnen von 200 Liter Säure

3.2.5 Neutralisieren

Alternativ zum Verdünnen können Säuren und Laugen durch Zugabe eines Stoffes der jeweils anderen Stoffgruppe neutralisiert, also in ihrem pH-Wert Richtung neutral beeinflusst werden.

Hierbei wird im Vergleich zur Verdünnung mit Wasser erheblich weniger Menge einer Säure oder Lauge zur Neutralisation benötigt.

Das Neutralisieren sollte bestenfalls mit einer speziellen Pufferlösung geschehen, damit die Neutralisationsreaktion kontrollierbar bleibt und nicht unkontrolliert Reaktionsenergie freisetzt.

Besondere Themengebiete

Das Auswählen der passenden Neutralisationslösung und die Sicherstellung, dass Gefahrstoff und Neutralisator kontrolliert miteinander reagieren, muss unbedingt einem Fachberater mit entsprechendem chemischem Hintergrundwissen überlassen werden!

3.2.6 Binden von Gefahrstoffen

Flüssige Gefahrstoffe in kleineren Mengen können mit geeigneten Bindemitteln oder Bindetextilien (Vlies, Schlängel, Kissen) gebunden werden.

Zunächst wird durch das Binden die fließende Ausbreitung der Flüssigkeit gestoppt. Außerdem lässt sich der Gefahrstoff durch das Binden leichter vom Schadensort (z.B. einer Straße) entfernen.

Bei den Bindemitteln in Form von Pulvern, Granulaten oder Flüssigkeiten sind in den Feuerwehren vor allem Ölbindemittel und Chemikalienbindemittel, sowie Kombinationen aus beiden Typen verbreitet.

- **Ölbindemittel**

Diese Bindemittel auf Basis z.B. von Tonerde, Faserstoffen oder Kunststoffen sind speziell auf das Aufnehmen von Kohlenwasserstoff-basierten Gefahrstoffen wie Benzin, Öl etc. ausgerichtet.

Verschiedene Produkteigenschaften sind möglich:
▶ Schwimmfähigkeit/Einsatz auf Gewässern
▶ Wasserabweisend/Einsatz bei Regen
▶ Korngröße/Verarbeitung
▶ Bindekapazität

Die Eignung von Ölbindemitteln für andere Gefahrstoffe variiert je nach Material und ist vor dem Einsatz zu prüfen.

Abb. 66: Anwendungen von Ölbindemittel (unbenutzt, mit Motoröl, mit Salzsäure)

■ Chemikalienbindemittel

Spezielle Chemikalienbinder sind grundlegend für die Aufnahme von verschiedenen oder speziellen Arten von Gefahrstoffen, z.B. Säuren und Laugen, ausgelegt. Sie sollen mit dem Gefahrstoff nicht gefährlich reagieren und wie die Ölbindemittel an sich keine Gefahr für Menschen und Umwelt darstellen. Darüber hinaus gibt es noch mögliche besondere Eigenschaften:

- ▶ Neutralisierende Wirkung gegenüber Säuren oder Laugen
- ▶ Integrierter pH-Indikator (Farbumschlag)
- ▶ Hohes Aufnahmevermögen durch Aufquellen

Bei den Abbildungen des Chemikalienbindemittels (in diesem Beispiel das Produkt „Uni-Safe") fällt das deutlich unterschiedliche Bindeverhalten zu Ölen gegenüber Säuren und Laugen auf. Von Vorteil ist der integrierte pH-Indikator mit Farbumschlag.

Abb. 67: Anwendungen von Chemikalienbindemittel; a: unbenutzt, b: mit Motoröl, c. mit Salzsäure, d: mit Ammoniaklösung)

Kombinierte Öl- und Chemikalienbindemittel sind ebenfalls erhältlich. Hierbei ist zu beachten, dass die gleichzeitige Eignung für Öle und andere Chemikalien einen Kompromiss in der Materialzusammensetzung erfordert und die Wirksamkeit gegenüber spezialisierten Bindemitteln oft geringer ist. Die Vorhaltung von universellen oder spezialisierten Bindemitteln ist daher abhängig von Gefahrenschwerpunkten und Einsatzhäufigkeiten und muss individuell betrachtet werden.

- **Bindevlies**

Bindevliese saugen gefährliche Flüssigkeiten per Kapillareffekt auf. Damit lassen sich kleinere Mengen sehr zielgerichtet, z.B. auch bei der Wischdekontamination, aufnehmen.

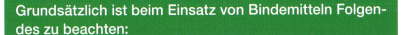

Abb. 68: Bindevlies als Rollenware

> **Grundsätzlich ist beim Einsatz von Bindemitteln Folgendes zu beachten:**
>
> - Durch das Binden von Chemikalien kann sich ihre Oberfläche stark vergrößern. Die Bildung von giftigen oder brennbaren Dämpfen muss unbedingt beachtet und ggf. mit notwendigen Maßnahmen (PSA, Brandschutz) begleitet werden.
> - Außer bei speziellen neutralisierenden Chemikalienbindern wird der gebundene Stoff in seinen Eigenschaften nicht verändert. Das benutzte Bindemittel/Bindevlies muss daher wie der Gefahrstoff behandelt werden.

3.2.7 Niederschlagen von Gaswolken

Treten gefährliche Stoffe als Gase oder Dämpfe aus, können sie in Abhängigkeit ihrer relativen Dichte zu Luft Gaswolken bilden und sich über große Entfernungen ausbreiten.

Feuerwehren nutzen als Maßnahme zur Gefahrenabwehr oft tragbare Wasserwerfer, Hydroschilder oder Düsenschläuche. Dabei erhofft man sich vor allem zwei Effekte: Das Niederdrücken und Verdünnen der Gaswolke durch hydraulische Effekte und das Auswaschen des Gefahrstoffes aus der Luft durch seine Reaktion mit Wasser.

> **Hintergrundwissen:**
>
> Im wissenschaftlichen Forschungsprojekt GASRESPONSE kamen Dr. Kern und Prof. Dr. Raupenstrauch von der Montanuniversität Leoben zu dem Fazit, dass sowohl das Niederschlagen als auch das mögliche Lösen von Gefahrstoffen in Wasser durch den Einsatz von Sprühnebel aus Wasserwerfern, Hydroschildern und Düsenschläuchen nicht in der erhofften Wirksamkeit umgesetzt wird. Selbst bei dem sehr wasserlöslichen Stoff Ammoniak stellte sich in praktischen Versuchen nicht der gewünschte gefahrenreduzierende Effekt in nennenswertem Umfang ein. Dies wird in der Studie durch die zu kurze Kontaktzeit zwischen Wasser und Gefahrstoff und das Durchbruchsvermögen der Gaswolke zwischen den Wassertropfen begründet.

Auf Basis dieses Hintergrundwissens wurden eigene Versuche mit Raucherzeugern und je einem tragbaren Wasserwerfer und einem Hydroschild durchgeführt. Die Annahme war, dass die Rauchpartikel im Vergleich zu gasförmigen Stoffen deutlich größer sind und daher eher besser von der hydraulischen Wirkung des Wassernebels niedergeschlagen werden. In den nachfolgenden Abbildungen ist zu erkennen, dass zwar eine Verwirbelung eintritt, aber die Rauchwolke sich weiterhin großflächig ausbreitet. Beim Hydroschild ist die Ausbreitung durch den nach oben gerichteten Wasserstrahl noch stärker.

Letztendlich kommt es immer auf die vorliegende Lage, die Umgebungsbedingungen, den Stoff usw. an – eine pauschale Empfehlung oder Ablehnung der Maßnahme ist daher nicht möglich. An dieser

Abb. 69: Versuchsaufbau mit tragbarem Wasserwerfer

Stelle soll lediglich zur gründlichen Bewertung dieser Methode im Einsatz angeregt werden.

In jedem Fall benötigt das Niederschlagen von Gaswolken große Wassermengen. Für den Betrieb von Wasserwerfer, Hydroschild oder Düsenschlauch sind Durchflussraten von meist über 1.000 Liter/min. anzunehmen (zusätzliche Ausbreitungsgefahr, Verfügbarkeit). Die Wirksamkeit ist, wie im Beispiel beschrieben eher fraglich und zusätzlich von vielen Rahmenbedingungen wie Windgeschwindigkeit und Lösbarkeit des Stoffes abhängig. Daher sollte das Niederschlagen von Gaswolken immer nur eine *zusätzliche Maßnahme* zu anderen sein. Das Auffangen/Abdichten und Maßnahmen bzgl. der Gebiete in Windrichtung sollten trotzdem und mit Vorrang umgesetzt werden.

Abb. 70: Versuchsaufbau mit Hydroschild

3.3 Messen

3.3.1 Mess-Strategie

Die Messung von Gefahrstoffen sollte eine klar beschriebene und geplante Einsatzmaßnahme sein. Schon kleine Nachlässigkeiten oder Fehlinterpretationen können in beide Richtungen große Auswirkungen haben: wenn Einsatzkräfte ungeschützt Gefahrstoffen ausgesetzt werden oder wenn sich umfangreiche Evakuierungen und Nachalarmierungen sich später als überflüssig erweisen.

Die Mess-Strategie einer Feuerwehr beginnt bei der Vorhaltung häufig- oder speziell benötigter Messtechnik, bzw. deren zeitnaher Alarmierung, sowie der Ausbildung der Einsatzkräfte und der Grobplanung von Messabläufen.

Im Einsatz steht dann situationsbezogen vor der ersten Messung die genaue Messplanung, bei der nachfolgende Punkte zu beachten sind:

Checkliste 3

Messvorgehen

- ☐ Benötigte Messtechnik vorhanden
- ☐ Messpunkt(e) definiert
- ☐ Messzeit(en) definiert
- ☐ Ausreichend Personal mit passender PSA für Messtrupp(s)
- ☐ Messtrupps in Bedienung der Messtechnik und Messablauf eingewiesen
- ☐ Dokumentation der Messergebnisse vorbereitet

Dokumentation und Analyse

Nach Durchführung der Messungen folgt die Dokumentation und Analyse/Interpretation der Messergebnisse. Hierbei sind nicht nur Messwerte und Uhrzeit, sondern auch wichtige Rahmenbedingungen wie Ort, Lage, Wetterbedingungen etc. zu dokumentieren. Skizzen und Fotos erleichtern die spätere Auswertung. Dabei ist auch zu beachten, dass sich beispielsweise Prüfröhrchen nach Messende weiter sättigen oder wieder entfärben können – das Ablesen und Dokumentieren sollte also unmittelbar erfolgen.

Besondere Themengebiete

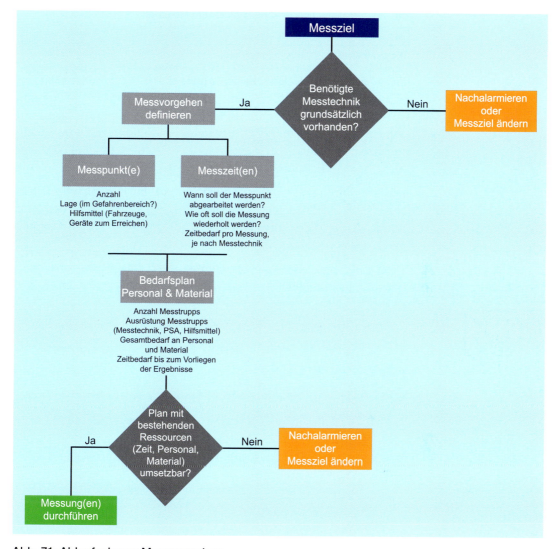

Abb. 71: Ablaufschema Messvorgehen

Außerdem muss rechtzeitig über eine fortlaufende Aktualisierung der Messergebnisse und die Ableitung von Maßnahmen je nach Messergebnis nachgedacht werden.

Aktualisierung der Messergebnisse und Ableitung von Maßnahmen

- **Messziel**

Dem Messziel als Planungsgrundlage kommt besondere Bedeutung zu. Von ihm leiten sich vor allem die einzusetzende Messtechnik und auch der Aufwand der Messung ab.

Besondere Themengebiete

Tab. 8: Messtechnik in Abhängigkeit vom Messziel

Messziel	Beschreibung	Messtechnik	Hinweise
Konzentrations-Messung	Konzentration eines bekannten Stoffes an einem bestimmten Ort ermitteln oder Ortsbestimmung einer definierten Konzentrationsgrenze (Lage Absperrgrenze)	Stoffspezifisch mit Konzentrationsangabe: • Prüfröhrchen • Gasmessgeräte • PID (stoffabhängig)	Äußere Einflüsse haben großen Einfluss auf die Konzentration. Messtoleranzen berücksichtigen!
Qualitativer Stoffnachweis	Prüfen, ob ein bestimmter Stoff an einem bestimmten Ort vorhanden ist Prüfen auf „Leitsubstanzen" z.B. bei Bränden	Unspezifisch mit Ja/Nein-Aussage: • Prüfröhrchen (auch qualitative Polytest-Röhrchen) • Mehrgasmessgeräte (Nachweis auch per Querempfindlichkeit) • PID (Summensignal) • Indikatoren (pH, Öltest)	Mindestkonzentration/Nachweisgrenze der Messtechnik beachten
Leckagesuche	Finden der Quelle eines Stoffaustrittes (bekannter Stoff)	Direktanzeigend und kontinuierlich: • Gasmessgeräte • PID	Trägheit der Sensoren beachten, langsam vorgehen
Identifikation unbekannter Stoffe	Ermittlung eines Stoffes/Stoffgruppe bei Austritt eines unbekannten Gefahrstoffes	Komplexe Messverfahren: • Analysetechnik (z.B. Spektrometer) • Messstrategien mit Prüfröhrchen und Mehrgasmessgeräten	Genaue Ermittlung oft nur mit Labortechnik möglich; sehr aufwändig und zeitintensiv.

Einflüsse auf Messergebnisse

Im Feuerwehreinsatz unterliegen Messungen massiven äußeren Einflüssen. Witterung, unterschiedliche Stoff-Freisetzungsraten, Messfehler und Fehlbedienung der Messtechnik sind nur einige Gründe für große Abweichungen.

Wichtiger als die genaue Ermittlung eines Konzentrationswertes ist daher die Frage „Was will ich machen und was muss ich dafür wissen?"

Zur Auswahl beständiger Gerätschaften für das Abdichten und Auffangen reicht in der Regel eine Ermittlung des pH-Wertes. Wir müssen dazu weder den genauen Stoff noch seine Konzentration kennen. Ähnliches gilt für Brandereignisse: – hier gibt es oft große Ausbreitungen der Rauchwolke und die Messwerte werden je nach Ort und Wetterverhältnissen stark schwanken – hier geht es vielmehr darum, die richtigen Messpunkte zu bestimmen.

> **Beispiel:**
>
> Ein Gewerbebetrieb brennt – die Feuerwehr soll Messungen vornehmen, um eine Aussage zur Ausbreitung der Rauchgase und mögliche Maßnahmen abzuleiten.
>
> Bei einem Brandereignis entstehen sehr viele verschiedene Gefahrstoffe in Reinform oder als Gemische und Reaktionsprodukte. Die Stoffkonzentration variiert deutlich je nach Messort. Eine exakte, stoffbezogene Messung wäre sehr aufwändig.
>
> Als Lösung bietet sich an, lediglich auf die sogenannten „Leitsubstanzen" im Brandrauch nach vfdb zu messen – vier Stoffe, die besonders häufig bei Brandereignissen entstehen:
>
> - Kohlenstoffmonoxid (CO)
> - Blausäure (HCN)
> - Salzsäure (HCl)
> - Nitrose Gase (NO/NO_2)
>
> Sind diese Stoffe in unmittelbarer Nähe zum Brandobjekt nachweisbar, kann auch bei Messungen in weiterer Entfernung gezielt auf das Vorhandensein dieser Stoffe gemessen werden. So lässt sich auch bei unbeständigen Windverhältnissen oder weit entferntem Niedergang der Rauchwolke ermitteln, welche Bereiche mit Schadstoff beaufschlagt werden.
>
> Eine anschließende aufwändigere Konzentrationsmessung ist dann zielgerichtet für die richtigen Stoffe in den richtigen Bereichen möglich.

Viele Stoffe bilden in sehr hohen Konzentrationen explosionsfähige Gemische. Mit einem Ex-Messgerät lässt sich nicht nachweisen, dass es

Ex-Messgerät

genau dieser Stoff ist und in welcher Konzentration er vorliegt. Wenn man allerdings ohne weitere Messtechnik lediglich prüfen will, ob der bereits bekannte Stoff in hoher Konzentration tatsächlich vorliegt, ist die Nutzung des Ex-Messgerätes eine sinnvolle Erstmaßnahme.

Achtung:

Ex-Messgeräte können bei geeigneter Querempfindlichkeit zum Bestätigen von hohen Stoffkonzentrationen eingesetzt werden. Sie dürfen aber niemals zum Ausschluss einer gefährlichen (giftigen) Stoffkonzentration genutzt werden. Zwischen der Konzentration zum Erreichen der unteren Explosionsgrenze und der gesundheitsgefährdenden Konzentration liegen große Unterschiede.

Beispiel: Ammoniak

ETW-4 Wert (Gesundheitsgefahr): 110 ppm
100 % UEG-Wert (Brandgefahr): 154.000 ppm (15,4 vol. %)
1 % UEG-Wert (niedrigster Anzeigewert): 1.540 ppm

Bis das Ex-Messgerät den ersten Messwert (1 % UEG) anzeigt, liegt in diesem Beispiel bereits eine Konzentration vor, die den Grenzwert für Gesundheitsgefahr um das mehr als 100-fache überschreitet!

Messungen sind zeit- und ressourcenintensiv, daher sollte in Bezug auf die Messziele, die benötigten Informationen und den Technik-Einsatz immer nach dem Grundsatz „nur so viel wie nötig" geplant werden.

- **Messpunkte**

Die Beschränkung auf das unbedingt Nötige gilt auch für die Festlegung der Messpunkte, wenngleich sich bei größeren Schadensereignissen viele Messpunkte zur Abdeckung des Gebietes nicht vermeiden lassen. Zur Ermittlung der Messpunkte können drei weit verbreitete Verfahren zur Messung größerer Schadstoffwolken herangezogen werden:

Besondere Themengebiete

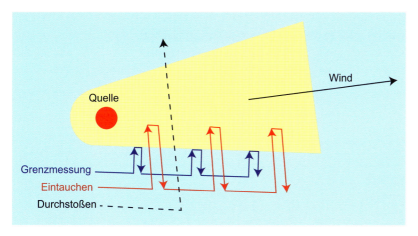

Abb. 72: Messverfahren für Schadstoffwolken

Die *Grenzmessung*, bei der sich der Messtrupp (quer zur Windrichtung) so lange dem Gefahrenbereich nähert, bis eine definierte (unkritische) Konzentration erreicht wird, eignet sich sehr gut zum Festlegen von Absperrgrenzen rund um den Gefahrenbereich. Da der Trupp rechtzeitig vor Erreichen gefährlicher Konzentrationen umkehrt, kann auf spezielle Schutzausrüstung meist verzichtet werden.

Grenzmessung

Das *Eintauchen* und *Durchstoßen* führt den Messtrupp in den Gefahrenbereich, entsprechende Schutzausrüstung ist daher obligatorisch.

Eintauchen und Durchstoßen

Diese Messverfahren eignen sich, um Konzentrationen an einem bestimmten Ort im Gefahrenbereich zu ermitteln oder Messungen direkt an der Austrittsquelle vorzunehmen. Beim Eintauchen wird eine Umkehrkonzentration festgelegt, um den Trupp trotz Schutzausrüstung nicht in zu große Gefahr zu begeben. Dies könnte beispielsweise bei Erreichen eines bestimmten UEG-Wertes der Fall sein. Das Durchstoßen hat den Vorteil, dass Anfangs- und Endpunkt des definierten Bereiches abgedeckt werden. Der Messtrupp wird dabei einer höheren Kontamination ausgesetzt, erzeugt aber auch ein aussagekräftigeres Lagebild. Beim Austritt aus dem Gefahrenbereich muss der Messtrupp seine mögliche Kontamination durch Gefahrstoffe beachten. Ist er kontaminiert, darf er den Gefahrenbereich erst nach erfolgreicher Dekontamination verlassen, um eine Kontaminationsverschleppung auszuschließen. Eine zwischenzeitliche Rückkehr in den Gefahrenbereich für weitere Messungen ist (unter Berücksichtigung aller Einsatzgrundsätze) aber möglich und zur sinnvollen Nutzung der Ressourcen auch empfehlenswert.

Messvorgehen bei bekannten Gefahrstoffen
Dokumentation der Messergebnisse

1

Messbeginn: ____:____ Uhr   Messende: ____:____ Uhr   Messtrupp: _____

Messort: _____

Höhe der Messung: Bodennähe ☐   ca. 1,50 m ☐   unter der Raumdecke ☐

2

MEHRGASMESSGERÄT

Gerätebezeichnung: _____

Kalibrierung Ex-Sensor auf: _____

Messwerte

Ex	% UEG
O_2	Vol. %
CO	ppm
CO_2	Vol. %
_____	ppm
_____	ppm
_____	ppm

PHOTOIONISATIONSDETEKTOR (PID 10,6 EV)

Gerätebezeichnung: _____

Messwert Isobuten _____

Stoffname _____

Responsefaktor _____

Messwert _____

3

DRÄGER-RÖHRCHEN UND QUALITATIVE TESTS

Röhrchen	Hübe	Messwert	Bemerkungen
_____	_____	_____ ppm	_____
_____	_____	_____ ppm	_____
_____	_____	_____ ppm	_____
_____	_____	_____ ppm	_____
_____	_____	_____ ppm	_____
_____	_____	_____ ppm	_____
_____	_____	_____ ppm	_____

Qualitativer Test	Messwert	Bemerkungen
PH-Papier	PH-Wert: _____	Farbumschlag: _____
_____	Anzeige Ja ☐ Nein ☐	_____
_____	Anzeige Ja ☐ Nein ☐	_____
_____	Anzeige Ja ☐ Nein ☐	_____

4

GRENZWERTE UND STOFFEIGENSCHAFTEN SIEHE KAPITEL III STOFFINFORMATIONEN

DIE WEITERE DOKUMENTATION KANN Z. B. MIT DER MESSPROTOKOLL-VORLAGE NACH VFDB 10/05 ERFOLGEN.

Abb. 73: Beispiel Formblatt zur Mess-Dokumentation

Besondere Themengebiete

Auch die präziseste Messung ist wertlos ohne eine begleitende Dokumentation. Umgebungsbedingungen wie Wind, Witterung und Temperatur können Messergebnisse genauso beeinflussen wie die Art und Einstellung der verwendeten Messtechnik. Insbesondere, wenn mehrere Messungen vorgenommen werden, gegebenenfalls sogar an mehreren Orten von mehreren Messtrupps unter sich ändernden Lagebedingungen, ist eine einheitliche und lückenlose Dokumentation entscheidend.

Begleitende Dokumentation

Folgende Daten sollten zu jeder Messung erhoben und dokumentiert werden:

Checkliste 4

Mess-Dokumentation

- ☐ Erfasser und Messtrupp (für spätere Rückfragen)
- ☐ Uhrzeit, ggf. Messdauer
- ☐ Messort, ggf. genaue Angaben (Messung in Bodennähe, …)
- ☐ Wetterbedingungen (Windstärke/Richtung, Niederschlag, Temperatur)
- ☐ Verwendete Messtechnik, ggf. verwendete Voreinstellungen (Hub-Zahl bei Röhrchen, Sensoreinstellung, PID-Response-Faktor, …)
- ☐ Messwert(e) inkl. Einheit (ppm, vol. %, % UEG…)

3.3.2 Messung pH-Wert

Die Messung des pH-Wertes ermöglicht eine Einschätzung darüber, ob von einem Stoff Gefahren durch ätzende Wirkung einer Säure oder Lauge zu erwarten sind. Der pH-Wert ist ein wichtiger und vor allem schnell ermittelbarer Indikator für Stoffeigenschaften.

Durch den Einsatz von Universalindikator-Papier kann der pH-Wert einer Flüssigkeit durch direktes Eintauchen ermittelt werden, da sich das Indikatorpapier unmittelbar entsprechend des pH-Wertes verfärbt und mit Hilfe einer Referenzskala interpretiert werden kann. Mit angefeuchtetem pH-Papier ist es außerdem möglich, den pH-Wert von Gasen und Dämpfen zu ermitteln.

Besondere Themengebiete

Die Messung des pH-Wertes ist sekundenschnell und sehr einfach in der Handhabung, weshalb sie zu den ersten Mess-Maßnahmen innerhalb der Erkundung gehören sollte. Sobald der pH-Wert ermittelt ist, lassen sich – insbesondere bei einem nicht neutralen pH-Wert – folgende Erkenntnisse ableiten:

- ▶ erste grobe Einteilung eines unbekannten Gefahrstoffes in eine Stoffklasse (Säure, Lauge, Neutral) bzw. Bestätigung der erwarteten Eigenschaften eines bekannten Gefahrstoffes
- ▶ Ableitung von Dekontaminationsmaßnahmen (Säuren und Laugen sind in der Regel gut mit Wasser dekontaminierbar)
- ▶ Nutzung des pH-Wertes zur Überprüfung der Kontaminationsfreiheit, bzw. zur Überprüfung des Dekontaminationserfolges

Trotz dieser wichtigen Erkenntnisse sind weiterführende Messungen und Schutzmaßnahmen bei unbekannten Stoffen erforderlich. Der pH-Wert allein ist kein Maß für die Gefährlichkeit eines Stoffes.

> Ein neutraler pH-Wert sagt lediglich aus, dass ätzende Wirkungen von Säuren oder Laugen nicht zu erwarten sind. Aussagen zu anderen Gefahren wie Giftigkeit oder Brennbarkeit gibt die Messung des pH-Wertes nicht.

3.3.3 Nachweis von Kohlenwasserstoffen („Öltest")

Die schnelle Erkundung eines flüssigen Gefahrstoffes kann in Ergänzung zur Ermittlung des pH-Wertes noch durch den Einsatz von Öltestpapier erweitert werden. Kohlenwasserstoffe sind oft pH-neutral, sodass über den pH-Test keine Erkenntnisse gewonnen werden können. Das Öl-Nachweispapier dagegen verfärbt sich spezifisch bei Kontakt mit flüssigen Kohlenwasserstoffen wie z.B. Benzin, Öl oder Lösungsmitteln.

Auch hier kann durch die einfach zu handhabende Anwendung des Indikatorpapiers schnell ein grober Aufschluss zur Art des Gefahrstoffes und ein Nachweis von Kontamination, bzw. Dekontaminationserfolg erzielt werden.

Für die Dekontamination kann der Nachweis von Kohlenwasserstoffen ein nützlicher Indikator für die Verwendung von Zusatzmitteln wie Tensiden sein.

3.3.4 Messung auf Ex-Gefahr

Explosionsgefahr besteht, wenn brennbarer Stoff und Sauerstoff aus der Umgebungsluft in geeignetem Verhältnis vorhanden sind. Kommt dann eine Zündenergie, z.B. durch einen Funken hinzu, zündet das Gemisch und erreicht je nach Stoff, Menge und Mischungsverhältnis unterschiedliche – aber immer lebensbedrohliche – Ausbreitungsgeschwindigkeiten und Zerstörungskräfte. Der Vermeidung von Explosionen wird im Feuerwehreinsatz daher eine große Bedeutung beigemessen und die Messung auf Ex-Gefahren hat einen entsprechend hohen Stellenwert.

Explosionsgefahr geht im Feuerwehreinsatz immer von einer (Stoffaustritts-) Quelle aus. Die Einsatzkräfte nähern sich vom sicheren Bereich der Quelle, weshalb Messungen zwischen null und der unteren Explosionsgrenze des Gemisches (100 % UEG) stattfinden.

Gefahr für Einsatzkräfte besteht dann, wenn sie sich der Quelle soweit annähern, dass sich die Gefahrstoffkonzentration in der Luft der unteren Explosionsgrenze annähert und gleichzeitig eine Zündquelle vorhanden ist.

Gefahr für Einsatzkräfte

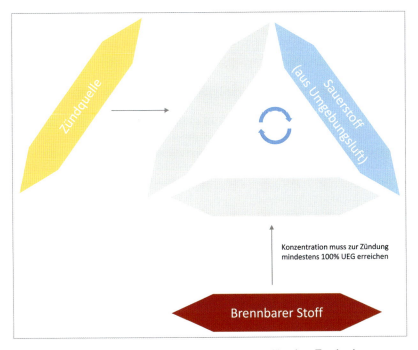

Abb. 74: „Verbrennungsdreieck" als Grundlage für eine Explosion

Prinzipiell ist der Aufenthalt in einer zündfähigen Atmosphäre ohne Zündquelle sicher und wird im industriellen Arbeitsschutz auch praktiziert. Im Feuerwehreinsatz sind jedoch so viele unbekannte und teilweise unvorhersehbare Faktoren an der Einsatzstelle zu beachten (heiße Teile an Unfallfahrzeugen, Funken durch elektrische Anlagen etc.), dass oft nur der Aufenthalt weit außerhalb einer zündfähigen Gaskonzentration als sicher einzustufen ist.

Checkliste 5

Ex-Messung

- ❏ Stoffeigenschaften, insbesondere relative Dichte beachten
- ❏ Eignung des Ex-Sensors zur Messung des Stoffes prüfen (Stoffeinschränkung bei IR-Sensoren, Vergiftung bei katalytischen Sensoren)
- ❏ Kalibrierung des Messgerätes beachten, ggf. Sicherheitsreserve bei der Messwertanzeige einkalkulieren
- ❏ Ex-Schutz aller eingesetzten Geräte im Gefahrenbereich beachten, Zündquellen entfernen, Erdung sicherstellen

3.3.5 Messung der Sauerstoffkonzentration

Sauerstoff liegt in normaler Luft in einer Konzentration von ca. 20,9 vol. % vor. Mit der Messung des Sauerstoffgehaltes wird im Feuerwehreinsatz Folgendes bezweckt:

▶ Sicherstellen, dass ausreichend Sauerstoffkonzentration für die Ex-Messung vorhanden ist: Katalytische Ex-Sensoren benötigen eine Mindestkonzentration an Sauerstoff, um korrekt zu funktionieren

▶ Erkennen von niedrigen Sauerstoffkonzentrationen: Bei Konzentrationen unterhalb von 17 vol. % sind bei Menschen Leistungseinschränkungen und unter 15 vol. % gesundheitliche Schäden bis hin zum Tode möglich

▶ Erkennen von hohen Sauerstoffkonzentrationen: z.B. durch Ausströmen aus Druckgasbehältern wirkt Sauerstoff brandfördernd

Die Sauerstoffkonzentration kann mittels Prüfröhrchen oder direktanzeigenden Messgeräten ermittelt werden. Da die Konzentration im Einsatz kontinuierlich und an mehreren Orten gemessen werden soll, sind sensorgestützte Messgeräte die sinnvollere Wahl.

> **Achtung:**
>
> Niedrige Sauerstoffkonzentrationen resultieren immer aus der Verdrängung von Sauerstoff durch einen anderen (Gefahr-) Stoff.
>
> Sobald die Sauerstoffkonzentration unterhalb von 20,9 vol. % liegt, ist von einem Gefahrstoff in der Luft auszugehen und entsprechende Maßnahmen sind einzuleiten (Identifizieren, Messen, Schutzmaßnahmen).
>
> Die Sauerstoffmessung darf im Umkehrschluss aber niemals zur Messung oder zum Ausschluss anderer Gefahrstoffe („Messung über Sauerstoffverdrängung") verwendet werden. Durch die alleinige Messung der Sauerstoffverdrängung ist nicht sicher, welcher Gefahrstoff vorhanden ist. Außerdem können Gefahrstoffe schon in lebensgefährlichen Konzentrationen vorhanden sein, lange bevor der Sauerstoffwert deutlich abnimmt oder gar am Messgerät einen Alarm auslöst.

> **Beispiel:**
>
> Die nachfolgende Grafik verdeutlicht, wie **wenig** sich die Sauerstoffkonzentration verändert, wenn 0,5 vol. % eines Gefahrstoffes in der Luft hinzugefügt werden. Das liegt daran, dass der größte Anteil der Luft aus Stickstoff besteht und deshalb durch den Gefahrstoff hauptsächlich Stickstoff verdrängt wird.
>
> Während sich die Sauerstoffkonzentration quasi unmerklich um nur 0,1 vol. % verändert, sind nun 0,5 vol. % oder 5.000 ppm Schwefelwasserstoff (H_2S) in der Luft vorhanden. **In dieser Konzentration wirkt Schwefelwasserstoff bereits nach wenigen Sekunden (!) tödlich.**

Besondere Themengebiete

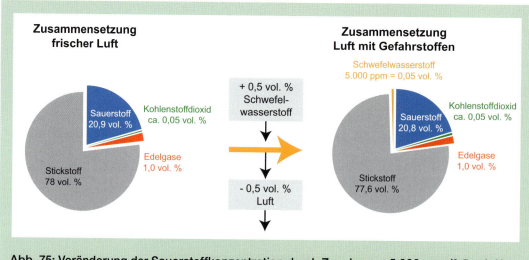

Abb. 75: Veränderung der Sauerstoffkonzentration durch Zugabe von 5.000 ppm/0,5 vol. % Schwefelwasserstoff

3.3.6 Messung giftiger Gase und Dämpfe

Es gibt unzählige giftige Gase und Dämpfe, die Feuerwehren im Gefahrstoffeinsatz begegnen können: als Reinstoff oder als Stoffgemische. Es ist völlig unrealistisch, für alle Stoffe passende Messtechnik vorhalten zu wollen. Daher sollte für die relevantesten Stoffe Messtechnik anhand folgender Fragen gezielt zusammengestellt werden.

Checkliste 6

Auswahl Messtechnik für giftige Gase

- ❏ Welche Gefahrstoffe/Gefahrenobjekte sind im Einsatzgebiet zu erwarten?
- ❏ Wie häufig ist mit dem Auftreten und der Messung von diesen Gefahrstoffen zu rechnen?
    - Häufig: Messgerät
    - Selten: Prüfröhrchen

Besondere Themengebiete

> **Checkliste 6** *(Forts.)*
>
> ❑ Sollen die Gefahrstoffe nur qualitativ (ja/nein) oder auch quantitativ (Messwert) gemessen werden?
> – Qualitativ: Abdeckung z.B. über Querempfindlichkeiten vorhandener Messtechnik oder Messstrategien
> – Quantitativ: Spezifischer Sensor im Messgerät oder Prüfröhrchen

Tab. 9: Gase, für die häufig Messtechnik vorgehalten wird

Stoff	Formel	Vorkommen (Beispiel)	Grenzwert (ETW 4h) (Stand 2016)
Ammoniak	NH_3	Kühlanlagen, Eishallen	110 ppm
Chlor	Cl_2	Schwimmbäder	1 ppm
Kohlenmonoxid	CO	Heizungen Suizid Shisha-Bars Verbrennungsprozesse	33 ppm
Kohlendioxid	CO_2	Löschanlagen Kühlanlagen Kanalschächte Verbrennungsprozesse	10.000 ppm
Schwefelwasserstoff	H_2S	Gärprozesse Kanalschächte Biogas-Anlagen Suizid mit Chemikalien	20 ppm

Bei der Messung giftiger Gase gilt ebenfalls der Grundsatz, sich vorab mit den Stoffeigenschaften des Zielgases vertraut zu machen:

■ Relative Dichte zu Luft

Ist das Dichteverhältnis größer 1, breitet sich der Stoff eher in Bodennähe aus und sammelt sich in Senken oder Schächten. Hier muss dann auch die Messung erfolgen.

Ist das Dichteverhältnis kleiner 1, steigt der Stoff eher auf und verflüchtigt sich im Außenbereich, in geschlossenen Räumen sammelt er sich unter der Raum-/Gebäudedecke.

Die Angabe der relativen Dichte ist aber nur als Indikator zu verstehen. Messungen sollten trotzdem großflächig durchgeführt werden, um Ausbreitungen durch andere Einflüsse (Wind, mechanische Lüftung, Strömung durch Temperaturdifferenzen) zu berücksichtigen.

- Grenzwert und Giftigkeit

Grenzwerte wie ETW und AGW geben für Gase und Dämpfe einen ersten Hinweis zur Giftigkeit des Stoffes und den wahrscheinlich notwendigen Schutzmaßnahmen.

> **Beispiel:**
>
> Bei einem Austritt von Kohlendioxid (CO_2; ETW-4 = 10.000 ppm) ist das Gesundheitsrisiko und der Bedarf an Atemschutz prinzipiell geringer als beim Austritt von Chlor (Cl_2; ETW-4 = 1 ppm).

- Haupt- und Nebengefahren

Viele Gefahrstoffe bergen neben ihrer giftigen Wirkung noch weitere Gefahren, zum Beispiel durch ätzende, reaktionsfördernde oder brennbare Eigenschaften. Die Gefahren müssen daher ganzheitlich betrachtet und entsprechende Schutzmaßnahmen ergriffen werden.

- Stoffeigenschaften und Eigenschaften der Messtechnik

Auch bei Messungen von giftigen Gasen und Dämpfen sollte die Plausibilität der Messergebnisse ständig hinterfragt werden: Stimmt beispielsweise das äußere Erscheinungsbild des Gefahrstoffes mit den nachgeschlagenen Angaben überein? Liegt der zu messende Stoff in Reinform vor oder sind Stoffgemische/Reaktionsprodukte zu erwarten? Hat die verwendete Messtechnik Querempfindlichkeiten zu anderen Stoffen, die auch in der Luft vorhanden sein könnten?

3.3.7 Freimessen von Räumen

Feuerwehren werden vor allem bei zwei Fragestellungen mit dem Thema Freimessen konfrontiert:

Besondere Themengebiete

▶ Können Einsatzkräfte Bereiche ohne besondere Schutzausrüstung (z.B. Atemschutz) betreten?
▶ Sind nach Abschluss der Einsatzmaßnahmen alle Gefahren durch gefährliche Gase/Dämpfe oder Sauerstoffmangel beseitigt, sodass für andere Personen ohne besondere Schutzausrüstung keine Gefahr mehr besteht?

Freimessen ist ein festgelegter Begriff aus der Arbeitssicherheit und wird in der DGUV-Regel 113-004 (Behälter, Silos und enge Räume) näher beschrieben. Dort findet man eine umfangreiche Darstellung zur Vorgehensweise bzgl. sicherem Betreten umschlossener Räume zum Durchführen von Arbeiten. Es sind verschiedene Positionen (Aufsichtführender, Sicherungsposten), Qualifikationen (z.B. Fachkunde zum Freimessen) und Dokumentationen (z.B. Erlaubnisschein zum Betreten der Räume) notwendig und als Stand der Technik beschrieben.

Definition Freimessen

> Die Vorgehensweise „Freimessen" im Sinne des Arbeitsschutzes findet bei öffentlichen Feuerwehren keine Anwendung, weil die definierten Positionen, Qualifikationen und Dokumentationen nicht erfüllt werden (können) – Feuerwehren führen daher keine Freimessungen im Sinne des Arbeitsschutzes durch.

Abb. 76: Freimessen eines Schachtes mit Mehrgasmessgerät, Pumpe und Schlauchsonde

Besondere Themengebiete

Trotzdem gibt es Messtechnik in der Feuerwehr – und auch den Bedarf, die oben genannten Fragestellungen im Feuerwehreinsatz zu klären. Was für Messungen macht also die Feuerwehr und auf Basis welcher Grundlage?

Gefahrenmatrix AAACEEE

Bei der Frage *„Können Einsatzkräfte Bereiche ohne besondere Schutzausrüstung (z.B. Atemschutz) betreten?"* handelt es sich nicht um ein Freimessen im Sinne des Arbeitsschutzes, sondern um eine Unterstützung des Führungsvorganges nach FwDV 100. Die verantwortliche Führungskraft setzt Gasmessungen als Werkzeug der Erkundung ein, um im Sinne der Gefahrenmatrix (AAACEEE) Atemgifte/Sauerstoffmangel zu erkennen bzw. auszuschließen. Das geschieht immer dann, wenn aufgrund der Einsatzstelle und der Einsatzsituation das Auftreten von Gefahrstoffen wahrscheinlich erscheint. „Enge Räume", also alle Räume, Schächte, Behälter, Gruben o.ä. die an mehreren Seiten umschlossen sind und aufgrund ihrer Lage die Anreicherung von Gefahrstoffen oder das Verdrängen von Sauerstoff ermöglichen, sind solche Gefahrenbereiche.

Auf Basis der Messergebnisse in der Erkundung können dann entweder geeignete Schutzausrüstungen (Atemschutz) oder Maßnahmen (Beschränkung der Aufenthaltszeit im Gefahrenbereich gemäß Einsatztoleranzwerten) angewendet werden.

Kontrolle der Wirksamkeit

Auch die Frage *„Sind nach Abschluss der Einsatzmaßnahmen alle Gefahren durch gefährliche Gase/Dämpfe oder Sauerstoffmangel beseitigt, sodass für andere Personen ohne besondere Schutzausrüstung keine Gefahr mehr besteht?"* ist Teil des Führungsvorgangs nach FwDV 100 und dient der Kontrolle der Wirksamkeit unserer Einsatzmaßnahmen.

Der Einsatzleiter muss wissen, ob die ursprünglich an der Einsatzstelle vorhandenen Gefahren wirkungsvoll beseitigt wurden, seine Maßnahmen also erfolgreich waren und ein weiterer Einsatz der Feuerwehr nicht mehr erforderlich ist. Dazu sind Messungen grundsätzlich ein geeignetes Hilfsmittel.

Grenzwerte für Aufenthalt von Einsatzkräften

Allerdings sind für den kurzzeitigen Aufenthalt von Einsatzkräften andere Grenzwerte (ETW 4h) anwendbar als für den dauerhaften Aufenthalt von Zivilpersonen: es müssen daher viel geringere Konzentrationen – entsprechend viel niedrigeren Grenzwerten – gemessen werden. Hier gelangt die typische Messtechnik der Feuerwehr oft an ihren Grenzen und vor allem ist die Bewertung der Messergebnisse sowie die Freigabe zum dauerhaften gefahrlosen Aufenthalt in einem Bereich nicht von der Feuerwehr zu leisten.

Wichtig ist auch zu beachten, dass die Feuerwehr i.d.R. keine Aussage zu weiteren/anderen Gefahrstoffen treffen kann, die erst durch das Schadenereignis an der Einsatzstelle entstanden sind. Klassisches Beispiel sind krebserregende Stoffe wie Asbestfasern, die erst durch thermische und mechanische Einwirkung bei einem Brand gelöst wurden.

Daher sollten die Entscheidungen wie „Die Bewohner können zurück in ihre Wohnungen" einzig den zuständigen Fachbehörden überlassen werden.

3.3.8 Messung radioaktiver Strahlung

Einsätze mit radioaktiven Gefahrstoffen stellen einen großen eigenständigen Bereich der Gefahrstoffeinsätze dar, der umfangreiche Ausbildung und zusätzliche Ausrüstung erfordert. Hier soll aufgrund des relativ seltenen Auftretens im Vergleich zu chemischen Gefahrstoffen nur Basiswissen vermittelt werden, welches auch bei Einsätzen abseits der klassischen A-Einsätze erforderlich ist.

■ Prüfen auf radioaktive Kontamination

Das Ausschließen einer Kontamination mit radioaktiven Substanzen kann auch außerhalb klassischer A-Einsätze erforderlich sein. Typische Beispiele sind:

Ausschluss von Kontaminationen

▶ Standardmäßige Prüfung von chemischen Gefahrstoffproben auf radioaktive Kontamination vor dem Verbringen aus dem Gefahrenbereich
▶ Identifizieren von Gefahren bei „unklaren Lagen" wie privaten Gefahrstoffsammlungen, Munitionsfunden, Transportunfällen mit ungekennzeichneter Ladung, vermuteten Terroranschlägen
▶ Einsätze an Objekten, bei denen A-Gefahren zu vermuten oder bekannt sind

Das Prüfen auf radioaktive Kontamination erfolgt mit einem Kontaminations-Nachweisgerät. Die meisten Geräte können je nach Typ und Einstellung alle drei Strahlungsarten (α-, β- und γ-Strahlung) detektieren und einzeln oder als Summensignal anzeigen. Diese Eigenschaft macht das Kontaminationsnachweisgerät für die erste Er-

Besondere Themengebiete

Abb. 77: Anwendung Kontaminationsnachweisgerät

kundung auf Radioaktivität zum geeigneten Messgerät, da übliche Dosisleistungsmessgeräte nicht alle drei Strahlungsarten, sondern nur γ- und Röntgen-Strahlung erfassen können.

Die Messwertanzeige erfolgt für Feuerwehreinsätze in der Einheit „Impulse pro Sekunde" (Imp/s oder I/s).

Aus dem Messwert lässt sich keine Gefahr, sondern lediglich die radioaktive Aktivität des Stoffes ablesen. Für die Einschätzung der Gefahr sind dann bei tatsächlicher Kontamination weitere Messungen, z.B. mit einem Dosisleistungsmessgerät notwendig.

Ermittlung der Nullrate

Zur Messung der Aktivität muss die in der Umwelt immer vorhandene geringe Radioaktivität (sogenannte Grundstrahlung; Messwert ist die „Nullrate") mitbetrachtet und vom Messwert abgezogen werden. Die Ermittlung der Nullrate erfolgt außerhalb des Gefahrenbereiches – bestenfalls als Mittelwert mehrerer Messpunkte mit identischen Oberflächen/Untergründen wie im Gefahrenbereich.

Achtung:

Eine radioaktive Kontamination ist nach FwDV 500 dann vorhanden, wenn der Messwert dreimal höher als die vorher gemessene Nullrate ist – Achtung, das ist nicht der dreifache Wert!

> **Beispiel:**
>
> Eine Stoffprobe soll zur weiteren Auswertung verpackt werden. Die Messung der Nullrate in der Umgebung ergab 10 Imp/s.
>
> Der Grenzwert wäre erreicht, wenn der Messwert dreifach höher als die Nullrate ist, also 40 Imp/s.

Bei der Messung ist zu beachten, dass die Reichweite von α- und β-Strahlung begrenzt ist und das Messergebnis, z.B. von Proben-Transportverpackungen, beeinträchtigt werden kann. Die Messung radioaktiver Kontamination sollte daher sowohl unmittelbar über dem unverpackten Stoff, als auch beim verpackten Stoff erfolgen.

Sollte sich bei der Erkundung oder Messung einer Stoffprobe radioaktive Strahlung nachweisen lassen, sind zusätzlich Vorgehensweisen entsprechend eines A-Einsatzes (z.B. Kontaminationsnachweis an der Absperrgrenze) durchzuführen. Radioaktive Proben sollten nur nach Absprache mit einem Fachberater aus dem Absperrbereich verbracht werden.

3.4 Ex-Schutz und Erdung

- **Grundlagen des Ex-Schutzes**

Explosionsgefahr spielt bei vielen Gefahrstoffeinsätzen eine wichtige Rolle und ist aufgrund ihrer möglichen dramatischen Folgen mit hoher Priorität durch die Einsatzkräfte zu unterbinden. Der Blick auf das Verbrennungsdreieck zeigt, dass wir Ex-Gefahren durch Einwirken auf zwei Komponenten minimieren können.

Während im Kapitel „Messen" darauf eingegangen wird, zündfähige Gas-Luft-Gemische rechtzeitig zu erkennen und sich möglichst nicht in Ex-gefährdete Bereiche zu begeben, behandelt der Ex-Schutz hier die Vermeidung einer geeigneten Zündquelle.

Vermeidung einer Zündquelle

Wenn es im Rahmen des Einsatzverlaufes doch notwendig werden sollte, in potenziell Ex-gefährliche Bereiche vorzugehen oder bei einer zündfähigen Konzentration eine Explosion zu verhindern, muss das Gas-Luft-Gemisch frei von Zündquellen sein.

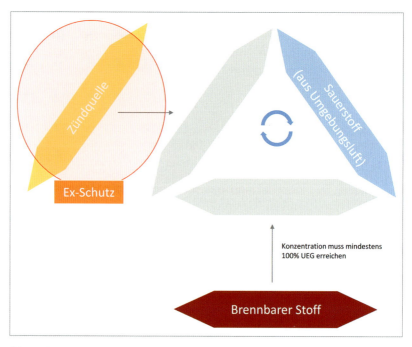

Abb. 78: Einfluss des Ex-Schutzes auf das Verbrennungsdreieck

Zündquellen können bereits an der Einsatzstelle vorhanden sein oder erst durch die Feuerwehr in den Gefahrenbereich eingebracht werden.

Mögliche Zündquellen

An der Einsatzstelle können Zündquellen beispielsweise bei heißen Komponenten an Unfallfahrzeugen (Katalysator, Partikelfilter) durch Kühlen beseitigt werden. Funkenbildung durch elektrische Schaltvorgänge kann sowohl durch Unterbrechen der Stromversorgung auch durch richtiges Verhalten („bei Gasalarm nicht an der Haustür klingeln") vermieden werden.

Abb. 79: Beispiele für Ursachen von Zündquellen an der Einsatzstelle

Eine ganze Reihe an Zündgefahren bringt erst die Feuerwehr in den Gefahrenbereich ein, wenn z.B. Arbeiten im Ex-Bereich zur weiteren Gefahrenabwehr notwendig sind. Mögliche Zündquellen entstehen durch die Verwendung von Metallwerkzeug oder nicht Ex-geschützten Geräten im Gefahrenbereich. Zu Letzterem zählen auch Funkmeldeempfänger und private Mobiltelefone an/in der Einsatzkleidung!

Die zweite große Kategorie der Zündquellen ist die statische Aufladung mit anschließender Funkenbildung, beispielsweise durch Reiben (Fließen) eines Gefahrstoffes in Pumpenschläuchen oder beim Einlaufen in einen Kunststoffbehälter aus größerer Höhe.

Die Maßnahmen zum Ex-Schutz an Einsatzstellen sind also entweder verhaltensbasiert oder technisch.

- Erdung

Ziel der Erdungsmaßnahmen ist es, einen Potenzialausgleich vorzunehmen. Das heißt: Gefahrenobjekt, Erdboden und Gerätschaften der Feuerwehr sind leitend miteinander verbunden und können sich nicht gegeneinander derart aufladen, dass ein Funken bei Annäherung entsteht.

Abb. 80: Komponenten eines Erdungsgeschirrs

Besondere Themengebiete

Sternerdung

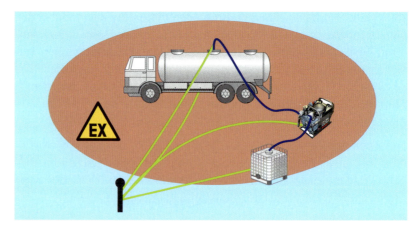

Abb. 81: Prinzipskizze Sternerdung

Für die leitende Verbindung aller Objekte sollte bei Feuerwehren spezielles Erdungsgeschirr verwendet werden, bestehend aus Leitungen, Befestigungsmöglichkeiten und einem Erdspieß.

Mit dem Erdungsgeschirr werden alle leitfähigen Objekte und Gerätschaften verbunden, bevor Tätigkeiten mit statischer Aufladungsgefahr begonnen werden.

> **Achtung:**
> Die Erdung wird immer zuerst am Ort der größten Zündgefahr verbunden und anschließend zum Erdungspunkt außerhalb des Ex-Bereiches geführt, sodass beim Anschluss der Erdungsleitung kein Funken entstehen kann.

Die Erdungsleitungen werden von den Objekten zum Erdungspunkt sternförmig zusammengeführt und dort verbunden. Der Erdungspunkt muss eine ausreichend leitfähige Verbindung zum Boden haben; bei sehr trockenem Boden sollte der Bereich um den Erdspieß vorab bewässert werden.

Statische Aufladung von PSA

Erdung ist auch für andere Bereiche zu berücksichtigen, beispielsweise in Bezug auf die statische Aufladung und Ableitfähigkeit von PSA: Chemikalienschutzanzüge aus Kunststoffmaterial können sich in Verbindung mit nicht leitfähigen Gummistiefeln und trockenem Boden ebenfalls aufladen und sind daher eventuell für Ex-Bereiche nicht geeignet. Je nach Material kann die PSA Eigenschaften besit-

Besondere Themengebiete

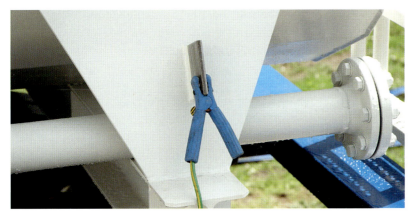

Abb. 82: Anbringung der Erdungsleitung am vorgesehenen Erdungspunkt

zen, die eine gefährliche Aufladung von vornherein ausschließen oder durch Ableitfähigkeit an den Boden verhindern. Informationen hierzu sollten vom Hersteller der Schutzausrüstung im Idealfall schon bei der Beschaffung erfragt werden.

- ## Ex-geschützte Geräte

Explosionsschutz kann bei elektrischen Geräten unterschiedlich ausgeführt werden und verschiedene Sicherheitsniveaus aufweisen. Bei der Auswahl von Ex-geschützten Geräten ist es wichtig, die Philosophie von technischem Ex-Schutz zu verstehen, um die Angaben interpretieren und die richtigen Geräte auswählen zu können.

> **Ex-Schutz bei Geräten:**
>
> **Wahrscheinlichkeit des Auftretens einer Ex-Atmosphäre in einem Bereich**
> **und**
> **Wahrscheinlichkeit einer Zündenergie am Gerät durch einen Defekt**
> **ergeben zusammen das Gesamtrisiko.**

Bereiche werden nach der Auftrittswahrscheinlichkeit einer Ex-Atmosphäre von gefährlichen Gasen und Dämpfen in Zonen eingeteilt:

Besondere Themengebiete

- Zone 0: Ständige, häufige oder lang anhaltende Ex-Atmosphäre
- Zone 1: Gelegentliche Ex-Atmosphäre
- Zone 2: Nicht oder nur kurzzeitig auftretende Ex-Atmosphäre

Analog gibt es auch eine Einteilung für Stäube.

Ex-geschützte Geräte

Ex-geschützte *Geräte* werden wiederum in *Kategorien* eingeteilt, die von den Sicherheitsmechanismen abhängen. Auch die maximalen Oberflächentemperaturen (Temperatur, die das Gerät durch seinen Betrieb maximal erzeugt) und die Spaltbreiten der Geräte, durch die sich eine Zündung von innen nach außen fortsetzen könnte, werden betrachtet.

> Die Gefahr bei einer tatsächlich vorherrschenden Ex-Atmosphäre ist immer gleich groß.
>
> Deshalb müssen alle Ex-geschützten Geräte unabhängig von ihrer Eignung für eine der drei Ex-Zonen grundsätzlich sicher sein und unter Normalbedingungen keine Zündung auslösen.

Der Ex-Schutz ist das Produkt zweier Faktoren: Zum Zünden einer Ex-Atmosphäre muss das Gerät eine Störung aufweisen *UND* es muss zeitgleich auch tatsächlich eine zündfähige Gaskonzentration vorliegen. Dieses Risiko muss möglichst minimiert werden, indem grob gesagt Zonen mit besonders häufig auftretenden Ex-Konzentrationen nur mit besonders sicheren Geräten betreten werden dürfen. Daher dürfen Geräte mit höheren Sicherheitsmerkmalen (z.B. Sicherheit auch beim Auftritt von zwei Fehlern am Gerät) auch in Bereichen eingesetzt werden, bei denen häufiger eine zündfähige Atmosphäre vorhanden ist.

Für (öffentliche) Feuerwehren hilft diese voranstehend beschriebene Kategorisierung aus dem Arbeitsschutz aber nur wenig: Hier wird bewusst in Bereiche mit definitiv vorherrschenden explosionsfähigen Konzentrationen vorgegangen – dafür wiederum nicht arbeitstäglich, sondern nur für einen sehr kurzen Zeitraum.

Grundsätzlich wären für den kurzzeitigen Einsatz also auch Geräte der sogenannten Gerätekategorie 3 (entspricht Eignung für Zone 2) geeignet, wobei dies das absolute Mindest-Sicherheitsniveau darstellt und eine Zulassung nach Kategorie 1 oder 2 (entspricht Eignung für Zone 0 oder 1) zu bevorzugen ist. Verbesserter Ex-Schutz geht allerdings häufig einher mit Nachteilen in Baugröße, Gewicht, Funktion und Preis, sodass für die Anwendung der Feuerwehr eine fallbezogene Abwägung notwendig ist.

Wichtiger ist die Berücksichtigung von zwei anderen Zulassungsmerkmalen:

▶ Explosionsgruppe (z.B. IIC)
   Sie gibt die Eignung des Gerätes für bestimmte Stoffgruppen an, abhängig von maximalen Spaltbreiten am Gerät durch die eine Flamme/Explosion nicht übertragen wird
▶ Temperaturklasse (z.B. T4)
   Sie gibt die maximale Oberflächentemperatur an, die das Gerät im Betrieb erreichen kann und damit ggf. zur Zündquelle wird

Zulassungsmerkmale

Ausgehend von den typischen Stoffgruppen im Feuerwehreinsatz gelangt man beispielsweise zu folgender Einschätzung:

▶ Ex-Schutz auch bei Acetylen (Schweißgas) und Wasserstoff (alternativer Fahrzeugantrieb)
   • höchste Explosionsgruppe „IIC" erforderlich
▶ Ex-Schutz auch bei Diesel, Benzin und Schwefelwasserstoff
   • Temperaturklasse „T3" oder höher erforderlich

Letztlich obliegt die Auswahl der Geräte der Feuerwehr und ihrer individuellen Gefährdungsbeurteilung. Die vorgenannten Beispiele zeigen aber, wie wichtig eine nähere Auseinandersetzung mit dem Thema vor Beschaffung von Ex-geschützten Geräten ist.

3.5 Probenahme

Neben der direkten Messung von Gefahrstoffen kann es im Einsatz auch erforderlich sein, Proben vom Gefahrstoff oder von bestimmten Medien (Erdreich, Löschwasser etc.) zu nehmen. Folgende Gründe können zum Beispiel Anlass für eine Probenahme sein:

▶ Unmittelbare Messung/Analyse nicht möglich
▶ Sicherstellung von Nachweisen für eine Kontamination oder Kontaminationsfreiheit

Abb. 83: Kennzeichnung der Ex-Zulassung für ein Gasmessgerät und eine Handlampe.

Die Probenahme ist stark abhängig von der nachfolgenden Verwendung der Probe und in ihrem Aufwand nicht zu unterschätzen. Die Laboranalyse von Proben ist um ein Vielfaches genauer als die Messtechnik an der Einsatzstelle und kann Stoffe auch in deutlich geringeren

Besondere Themengebiete

Konzentrationen nachweisen – allerdings immer nur auf Basis der Probe, die an der Einsatzstelle entnommen wurde. Getreu dem englischen Sprichwort „Shit in – Shit out" entscheidet die Probenahme an der Einsatzstelle bereits maßgeblich über die Qualität der späteren Laboranalyse: Wird die Probe beispielsweise durch ungeeignetes Werkzeug und falsche Probenahme verfälscht oder gibt es keine Referenzprobe zum Ausschluss der Beeinträchtigung durch andere Stoffe, ist auch mit einer optimalen Laboranalyse kein verwertbares Ergebnis zu erzielen.

Handbuch „CBRN-Probenahme"

Gute detaillierte Hinweise zur Probenahme und zu Ausstattungshinweisen gibt das Handbuch „CBRN-Probenahme" vom Bundesamt für Bevölkerungsschutz und Katastrophenhilfe (BBK). Folgende Möglichkeiten und Materialien zur Probenahme sind hier als exemplarische Gerätschaften aufgeführt:

- ▶ Probenahmeröhrchen mit Aktivkohle oder Silicagel („Tenax"-Röhrchen)
- ▶ Probenahme-Gefäße aus Glas oder Kunststoff
- ▶ Kompressen und Cellulosefilter für Wischproben
- ▶ Spatel, Pipetten und Spritzen
- ▶ Ferngreifer zur Probenahme aus größerer Entfernung

Abb. 84: Probenahme-Ausrüstung nach Vorgabe des BBK

Checkliste 7

Probenahme

- ❑ Kontaminationsfreiheit der Probenahmeausrüstung sicherstellen (z.B. Aktivkohle-Probenahmeröhrchen regelmäßig erneuern und Gefäße luftdicht verschlossen lagern)
- ❑ Eignung des Probengefäßes und des Werkzeuges (Materialbeständigkeit) prüfen
- ❑ Zusätzlich zur Probe mindestens zwei Referenzproben mit zur Analyse geben:
    a) Leeres, original verschlossenes Probegefäß, um ggf. Beeinflussungen durch Probegefäß zu erkennen (z.B. Ausgasen von Kunststoffen)
    b) Probematerial, das vom Gefahrstoff nicht beaufschlagt wurde, z.B. Luftprobe von „frischer" Luft an der Einsatzstelle (Windrichtung beachten) oder Boden/Wasserprobe

Achtung:

Bei der Probenanalyse unter Laborbedingungen werden auch geringste Schadstoffkonzentrationen erkannt. Eine Vorbelastung der Einsatzstelle z.B. durch generelle Luftverschmutzung oder Belastung des Bodens/Wassers durch Düngemittel verfälschen das Ergebnis erheblich!

- ❑ Entsprechend Rücksprache mit der auswertenden Stelle eine ausreichend große Probemenge entnehmen
- ❑ Probenahme genau planen und exakt umsetzen
- ❑ Probe und passende Referenzproben unmittelbar und eindeutig beschriften
- ❑ Probenahme genau protokollieren und bestenfalls mit Fotos des Probenortes dokumentieren

Besondere Themengebiete

Begleitende Dokumentation

Gerade bei umfangreichen Probenahmen ist die begleitende Dokumentation sehr wichtig. Neben der Nutzung von Probenahme-Protokollen ist auch die Dokumentation per Foto oder Video sehr empfehlenswert. Sämtliche Dokumentation sollte der auswertenden Stelle zur Verfügung gestellt werden, da die Kenntnis der Rahmenbedingungen (z.B. Temperatur und Niederschlag) wichtig für die Interpretation der Messergebnisse sein kann.

Bevor die Probe dann auf den Weg vom Gefahrenbereich der Einsatzstelle zur Auswertung geht, sollten folgende Punkte beachtet werden:

Checkliste 8

Probentransport

❑ Abstimmung mit der auswertenden Stelle (spätestens jetzt, besser noch vor der Probenahme)
❑ Ist die Probe gefahrlos transportierbar?

Achtung:

Der Transport von Gefahrstoffproben muss genau durchdacht, geplant und mit dem Empfänger abgestimmt werden. Schlimmstenfalls entsteht sonst am Zielort eine zweite Einsatzstelle!

❑ Ist die Probe äußerlich kontaminationsfrei? Wurde z.B. das Probengefäß einer Tauchdekontamination unterzogen?
❑ Gehen von der Probe zusätzliche Gefahren aus? (Besonders das Prüfen auf radioaktive Strahlung sollte immer durchgeführt werden!)
❑ Wie kann die Probe sicher zur Analyse transportiert werden? Transportsicherung, Verpackung, ggf. Schutz vor Temperatur, Licht oder Erschütterung beachten!
❑ Welche Rahmenbedingungen müssen beim Transport per Straße beachtet werden? Ist z.B. eine spezielle Kennzeichnung erforderlich?

3.6 Dekontamination

3.6.1 Art und Umfang

Dekontaminationstätigkeiten (Dekon) im Gefahrstoffeinsatz orientieren sich grundlegend daran, WAS und IN WELCHEM UMFANG dekontaminiert werden muss. Die Dekontamination obliegt nach FwDV 500 eigentlich Fachbehörden, in der Regel wird die Feuerwehr an Einsatzstellen in Amtshilfe aber tätig, um Personen und Gerät zu dekontaminieren.

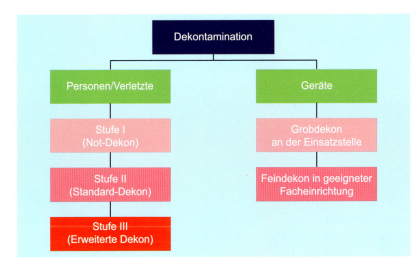

Arten und Stufen der Dekontamination

Abb. 85: Arten und Stufen der Dekontamination

3.6.2 Grundsätzlicher Aufbau des Dekon-Platzes

Abhängig von der Anzahl kontaminierter Personen und Geräte und der angewendeten Dekon-Stufe variieren die Größe und der Aufbau des Dekon-Platzes. Einige Grundsätze gilt es jedoch immer zu berücksichtigen:

- ▶ Verlassen des Gefahrenbereiches nur über den Dekon-Platz!
- ▶ Absperrung und Zwangsführung einrichten, um Kontaminationsverschleppung und Umgehen der Dekon auszuschließen
- ▶ Lebensrettende Sofortmaßnahmen bei Verletzten haben Vorrang; sollten wenn möglich aber nur von Einsatzkräften unter geeigneter PSA durchgeführt werden

Abb. 86: Eingang zur Dekon mit Zwangsführung und klarer Kennzeichnung

Besondere Themengebiete

Grobgliederung Dekon-Platz

Abb. 87: Grobgliederung Dekon-Platz und Haupttätigkeiten

- ▶ Lage des Platzes mit dem Wind, sodass Kontamination nicht in Richtung des grünen Bereiches getragen wird
- ▶ Geeignete PSA für das Dekon-Personal vorsehen und am Einsatzende auch auf eine fachgerechte Dekontamination (mindestens fachgerechtes Entkleiden) des Dekon-Personals achten

3.6.3 Dekontamination von Personen (Dekon-P)

Bei der Dekontamination von Personen, wozu Einsatzkräfte, Zivilpersonen und Verletzte zählen, gibt die FwDV 500 grundsätzlich drei Stufen vor:

■ **Stufe I: Not-Dekon**

- ▶ Eine Not-Dekon ist an allen Einsatzstellen mit Gefahrstofflagen sofort einzurichten (örtliche Feuerwehr)
- ▶ Kontaminierte Kleidung vollständig entfernen
- ▶ Dekontamination mit Sprühstrahl
- ▶ Für anschließenden Wärmeerhalt sorgen (Decken)
- ▶ Person bei Verdacht auf Hautkontamination oder Inkorporation von Gefahrstoffen einem Arzt vorstellen
- ▶ Dekon-Platz eindeutig kenntlich machen, damit er auch unter Stress und schlechter Sicht schnell gefunden wird (z.B. Blinkleuchten und Schilder verwenden)

Abb. 88: Not-Dekon mit LF, mit zusätzlicher Sonderausrüstung

- Stufe II: Standard-Dekon

Zusätzlich zu den Maßnahmen bei der Not-Dekon:

▶ Dekontamination mit Wasser und Hilfsmitteln
▶ Auffangen der Reinigungsflüssigkeit
▶ Bei jedem ABC-Einsatz unter persönlicher Sonderausrüstung (z.B. CSA) spätestens 15 min. nach Anlegen der PSA einsatzbereit

Abb. 89: Standard-Dekon mit Schnelleinsatz-Dusche und zusätzlichen Wannen zum Abtropfen und zur Stiefelreinigung

Besondere Themengebiete

- **Stufe III: Erweiterte Dekon**

Zusätzlich zu den Maßnahmen bei der Standard-Dekon:

▶ Warmes Wasser und ggf. Reinigungszusätze
▶ Sonderausstattung (z.B. Dusche, Zelte, Umkleidemöglichkeiten)
▶ Bei Einsätzen mit hohem Dekontaminationsbedarf und/oder starker und schwer löslicher Verschmutzung

Die Stufen der Dekon für Personen beziehen sich prinzipiell gleichermaßen auf die Dekontamination von Einsatzkräften, Zivilpersonen und Verletzten, wenngleich Besonderheiten zu beachten sind:

Abb. 90: Erweiterte Dekon mit umfassender Ausrüstung zur Bewältigung großer Personenanzahlen und der Dekon von Verletzten

Kapazität der Not-Dekon

Bei Schadensereignissen mit einer großen Anzahl von kontaminierten Zivilpersonen sollte die Kapazität der Not-Dekon entsprechend darauf ausgerichtet werden: lange Wartezeiten werden von kontaminierten Personen wahrscheinlich nicht immer toleriert und

Abb. 91: Personendekontamination mit der Ausstattung des GW Dekon-P des Bundes

Besondere Themengebiete

Abb. 92: Massen-Notdekontamination mittels improvisiertem Sprühbogen

unkontrollierte Reaktionen (entfernen von der Einsatzstelle, Panik, Kontaminationsverschleppung) wären zu erwarten.

Eine zu empfehlende Maßnahme ist hierfür die gezielte Führung von Personenströmen durch einen improvisierten Sprühbogen, sowie das Einrichten von abgetrennten und nach Geschlechtern separierten Entkleidungsplätzen mit Notbekleidungen (in der ersten Einsatzphase z.B. Rettungsdecken).

Die Dekontamination von verletzten Personen erfordert bei einer größeren Anzahl von Verletzten zusätzliche Ausstattung, wie z.B. Tragenhalterungen, Rollbahnen und ausreichend dimensionierte Container- oder Zeltlösungen, sodass eine kontinuierliche Betreuung und ausreichend Arbeitsraum gewährleistet werden. Auch die Vorhaltung von geeigneter (ggf. von G26-Untersuchung befreiter) Schutzausrüstung für das Rettungsdienstpersonal ist zu bedenken.

> Dekontamination von verletzten Personen

Bei allen Stufen der Dekon-P ist ein Erfolg der Dekontamination mit geeigneten Nachweisverfahren zu prüfen. Insbesondere bei Dekon Stufe I und Stufe II sollte die Dekontamination an der Einsatzstelle nicht als abschließend angesehen werden, da z.B. bei der Dekon mit kaltem Wasser die betroffenen Personen meistens keine ausreichend lange Spülzeit tolerieren. Im Anschluss an die Einsatzstellen-Dekon sollten daher nicht nur die Vorstellung bei einem Arzt sondern eventuell auch weitere Dekon-Maßnahmen folgen.

3.6.4 Dekontamination von Geräten (Dekon-G)

Bei der Dekontamination von Geräten durch die Feuerwehr sollte vorangehend geklärt werden, ob dies für die unmittelbare Gefahrenabwehr zwingend erforderlich und damit eine Aufgabe für die Feuerwehr ist. Gegebenenfalls kann diese Tätigkeit auch im Nachgang durch ein Fachunternehmen geleistet werden.

Meistens bezieht sich die Dekontamination auf eingesetzte Gerätschaften der Feuerwehr und wird im Rahmen der Personendekontamination mit abgeleistet.

Auch wenn Gerätschaften prinzipiell aggressivere Dekon-Maßnahmen als Personen überstehen, muss die Eignung des Verfahrens für das einzelne Gerät geprüft werden.

> **Beispiel:**
>
> Gasmessgeräte sind meistens durch eine Membran gegen das Eindringen von Wasser sogar beim kurzzeitigen Untertauchen geschützt (Schutzart IP 67). Die Zugabe von Reinigungszusätzen (Netzmittel) verändert die Oberflächenspannung des Wassers und kann die schützende Funktion der Membran außer Kraft setzen – das Messgerät kann dadurch zerstört werden.

Die Dekontamination von Geräten an der Einsatzstelle verhindert oftmals das weitere schädliche Einwirken von Gefahrstoffen auf die Geräte und reduziert die Gefahr der Kontaminationsverschleppung.

Trotzdem müssen die meisten Geräte nach dem Einsatz in einer geeigneten Facheinrichtung (zentrale Werkstatt der Feuerwehr, Fachbetrieb für Industriereinigung, ggf. Hersteller der Geräte) intensiv dekontaminiert und meistens auch gewartet und geprüft werden.

Besondere Themengebiete

Folgende Punkte sollten dabei beachtet werden:

> Dekontamination und Wartung nach Einsatz

- ▶ Luftdichter Transport der Geräte von der Einsatzstelle – keinesfalls im Mannschaftsraum von Feuerwehrfahrzeugen
- ▶ Geräte nach der Grobdekon bestmöglich vor weiterer Kontamination schützen (z.B. CSA vor Verpacken verschließen)
- ▶ Schnellstmögliche Feindekon anstreben (Einwirkdauer begrenzen)
- ▶ Entpacken und Behandeln der Geräte in der Werkstatt nur mit geeigneter PSA
- ▶ Einsenden von kontaminierter Ausrüstung an externe Stellen nur nach vorheriger Abstimmung und unter Beachtung von Transportvorschriften
- ▶ Auch bei einer maschinellen Dekontamination in der Werkstatt muss die Reinigungsflüssigkeit ggf. aufgefangen und gesondert entsorgt werden

3.6.5 Dekon-Verfahren

■ Sprüh-Dekon

Aufgrund der hohen Verfügbarkeit ist das Aufbringen von Wasser per Sprühstrahl das Standard-Verfahren zur Dekontamination. Zu beachten sind:

- ▶ Geringen Druck verwenden (Verletzungsgefahr und Ausbreitung durch Spritzer)
- ▶ Kaltes Wasser reduziert Reaktionsgefahr des Stoffes
- ▶ Nicht geeignet für Stoffe, die mit Wasser gefährlich reagieren
- ▶ Sprüh-Dekon wird bei wasserabweisenden Stoffen ohne mechanische Bearbeitung oder Reinigungsmittel ggf. nicht wirkungsvoll genug sein

Zusätzlich zum Aufsprühen von Wasser wird vielfach auch Reinigungsmittel oder Dekon-Schaum angewendet. Bei Dekon-Schaum wird ähnlich des Druckluftschaums als Löschmittel die Haftwirkung an Oberflächen verbessert, sodass eine längere Einwirkzeit des Dekon-Mittels erzielt wird.

■ Tauch-Dekon

Tauchbäder erhöhen im Vergleich zur Sprüh-Dekon die Kontaktzeit zwischen Reinigungsmittel und dem zu reinigenden Objekt. Außerdem werden auch schwer zugängliche Stellen besser benetzt. Auch

Besondere Themengebiete

Abb. 93: Tauch-Dekon – hier ist der nötige IP-Schutzfaktor des Gerätes zu beachten

wenn dieses Verfahren größentechnische Grenzen hat, eignet es sich sehr gut für:

▶ Dekon von Stiefeln und Handschuhen (schwer mit Sprühverfahren abzudecken; hier ist meist die höchste Kontaminationsbelastung)
▶ Dekon von Gerätschaften
▶ Dekon von verschlossenen Proben

■ **Trockene Dekon (Tupf- oder Wisch-Dekon)**

Bei der trockenen Dekontamination werden verunreinigte Stellen mit geeigneten Materialien (z.B. Bindevlies) abgetupft oder abgewischt. Die Wirksamkeit dieser Methode ist im Vergleich zur „nassen" Dekontamination geringer und es muss davon ausgegangen werden, dass eine Restkontamination auf der Oberfläche verbleibt, bzw. beim Wischen verteilt wird. Grundsätzlich ist das Vorgehen im Vergleich zu Tauch- oder Sprühverfahren aufwändiger und langsamer. Eine trockene Dekon eignet sich daher primär für einzelne kontaminierte Stellen mit möglichst kleiner und ebener Oberfläche. Trotzdem empfiehlt sich die trockene Dekon insbesondere bei:

▶ Kontamination mit einem Stoff, der gefährlich mit Wasser reagiert

Besondere Themengebiete

Abb. 94: Trockene Dekon mit Bindevlies

- ▶ Kontamination mit einem besonders gefährlichen Stoff, der bei nasser Dekon weitere Bereiche des Körpers verletzen könnte
- ▶ Als Erstmaßnahme vor der nassen Dekon, um starke Kontamination vorab zu reduzieren

Gerade bei Kontamination mit (z.B. radioaktiven) Partikeln kann es auch ratsam sein, die Kontamination nur zu fixieren und nicht zu entfernen. Hierbei werden z.B. durch Sprühkleber (Beständigkeit und Reaktionsgefahr vorab klären) die anhaftenden Partikel auf der Schutzkleidung fixiert und die PSA anschließend vorsichtig abgelegt. Die kontaminierten Gegenstände werden danach luftdicht verpackt und einer fachgerechten Entsorgung zugeführt.

3.6.6 Dekon-Mittel

■ Wasser

Wasser ist preiswert in großen Mengen für die Feuerwehr verfügbar und die Geräte der Feuerwehr sind für die Nutzung von Wasser bestens ausgelegt. Wasser verhält sich gegenüber dem menschlichen Körper ungefährlich und ist geeignet, um entweder mechanisch oder durch Lösen Gefahrstoffe zu entfernen. Daher ist es bei weitem das bevorzugte Dekon-Mittel im Feuerwehreinsatz.

Besondere Themengebiete

- Reinigungszusätze (Tenside)

Ein Nachteil von Wasser ist, dass sogenannte hydrophobe (wasserabweisende) Stoffe nur sehr schlecht gelöst werden. Kohlenwasserstoffe wie Öle und Fette gehören z.B. zu dieser Stoffgruppe. Durch Zusatz von Reinigungsmitteln wird das Lösungsverhalten des Wassers verbessert, indem das Tensid als Lösungsvermittler zwischen den beiden ansonsten nicht mischbaren Stoffen wirkt.

Das Öl verwandelt sich im abgebildeten Beispiel durch Zugabe von Tensiden von einer homogenen Flüssigkeit in eine Ansammlung von Öl-Tröpfchen, die deutlich besser mit Wasser mischbar sind (aufgrund ihrer geringeren Dichte zu Wasser aber trotzdem oben schwimmen)

Wirkung von Tensiden

Abb. 95: Wirkung von Tensiden auf das Lösungsverhalten von Öl in Wasser (links ohne und rechts mit Tensid)

- Desinfektionsmittel

Desinfektionsmittel spielen in der Dekontamination von chemischen Gefahrstoffen keine Rolle. Allerdings werden bei Einsätzen mit biologischen Gefahrstoffen Desinfektionsmittel verwendet, um diese unwirksam zu machen. Hierbei ist zu beachten, dass viele der Desinfektionsmittel, insbesondere in konzentrierter Form, einen chemischen Gefahrstoff darstellen (z.B. Peressigsäure) und ggf. im Anschluss an Desinfektionsmaßnahmen auch Dekontaminationsmaßnahmen erforderlich sind.

3.6.7 Überprüfen der Wirksamkeit von Dekon-Maßnahmen

Einige Kontaminationen lassen sich bereits mit bloßem Auge erkennen, viele sind jedoch nur mit geeigneten Verfahren nachweisbar. Für die Wirksamkeitsüberprüfung der Dekon ist daher eine enge Zusammenarbeit mit den Trupps im Abschnitt „Gefahrenbereich/Messen" erforderlich. Nach dem Prinzip „was vorher messbar war, sollte nach der Dekon entfernt sein" ist es hilfreich, wenn der Erkundungstrupp z.B. durch den Einsatz von pH-Indikator oder Öltest-Papier „Kontaminationsmarker" definiert. Gerade ein nicht-neutraler pH-Wert oder der Nachweis von Kohlenwasserstoffen ist auch am Dekon-Platz schnell und einfach nachweisbar und eignet sich daher gut, um das Dekontaminationsergebnis zu prüfen.

Grundsätzlich sind auch alle anderen Messverfahren, die im Gefahrenbereich angewendet werden, zum Nachweis am Dekon-Platz geeignet. Allerdings wird bei vielen Gasen und Dämpfen nach der Dekon der Nachweis aufgrund zu geringer Restkonzentrationen sehr schwierig. Bei der Kontrolle von Gerätschaften kann es hilfreich sein, die Geräte für einen gewissen Zeitraum luftdicht zu verpacken

Abb. 96: Überprüfung des Dekon-Erfolges mit pH-Papier

und (möglichst warm) über einen Zeitraum von mehreren Stunden zu lagern, um ein Ausgasen des Stoffes herbeizuführen. Die anschließende Messung vermag je nach Stoff auch Restkontaminationen aufzuspüren.

3.7 Kommunikation

Die Kommunikation hält im Gefahrstoffeinsatz besondere Herausforderungen für die Einsatzkräfte bereit und bedarf deshalb im Vorwege besonderer Aufmerksamkeit. Durch Nutzung von Hilfsmitteln können einige Probleme wirkungsvoll gelöst werden.

Tab. 10: Besonderheiten der Kommunikation

Besonderheiten im Gefahrstoffeinsatz	Herausforderung	Mögliche Hilfestellung
Objekt für Führungskräfte nicht einsehbar/ große Distanzen durch Absperrbereiche	Präzise Lagebeschreibung durch Angriffstrupp nötig	Fernglas Skizzen Funk und Funkzubehör Foto/Videoaufnahmen, ggf. Fernübertragung Drohnen
Keine direkte Kommunikation im Trupp durch CSA möglich	Kommunikation per Funk oder Zeichensprache, erhöhtes Funkaufkommen	Funk für jeden CSA-Träger (sollte Standard sein!) Sprechgarnituren an Helm oder Maske Kommunikationseinheiten mit Sprachaktivierung
Nicht alltägliche und komplexe Einsatzlagen und Gefahrenobjekte	Erhöhter Kommunikationsbedarf zur genauen Lagebeschreibung	„Beschreibungshilfen" Skizzen Foto/Videoaufnahmen, ggf. Fernübertragung/Drohnen
Erhöhter Kommunikationsbedarf zu externen Stellen, z.B. TUIS	Konsolidierung aller Informationen aus interner und externer Kommunikation notwendig	Nutzung von Führungsunterstützung/ELW Regelmäßige Lagebesprechungen zum Informationsaustausch

3.7.1 Grundsätzliche Kommunikations-Struktur

Durch erhöhten Kommunikationsbedarf im Gefahrstoffeinsatz sind schnellstmöglich getrennte und gut strukturierte Kommunikationswege wichtig:

Besondere Themengebiete

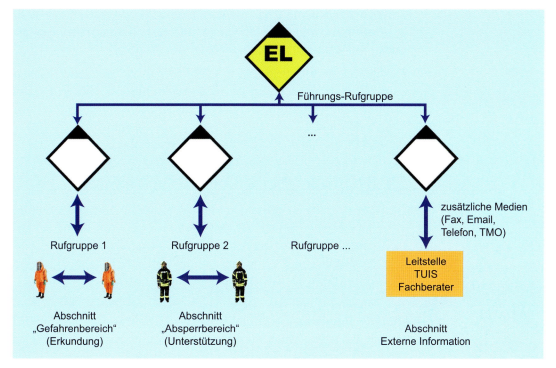

Abb. 97: Abschnittsbildung und Kommunikations-Struktur

- ▶ Kräfte im Gefahrenbereich benötigen unbedingt einen eigenen Kommunikationsweg zur Verständigung untereinander und mit der zuständigen Führungskraft.
- ▶ Für Kräfte unter CSA muss eine Führungskraft ständig erreichbar sein (hohes Risiko im Gefahrenbereich und kostbare Einsatzzeit), das heißt, andere Führungsaufgaben wie die Koordination rückwärtiger Tätigkeiten müssen von anderen Führungskräften übernommen werden.
- ▶ Nachgelagerte Funktionen (Logistik, Absperrung etc.) sollten von Kräften unter Atemschutz und CSA getrennt kommunizieren, um deren Funk nicht zu blockieren.

3.7.2 Kommunikation im Gefahrenbereich

„Der Angriffstrupp ist Auge und Ohr des Gruppenführers." – Dieser Satz aus der Grundausbildung gilt im Gefahrstoffeinsatz ganz besonders. Große Sicherheitsabstände oder schlecht einsehbare Objekte machen es Führungskräften oft unmöglich, sich selbst ein genaues Bild von der Lage zu machen. Der Angriffstrupp muss die Situation

Besondere Themengebiete

möglichst genau und eindeutig beschreiben, doch gerade dabei stößt er oft auf ungewohnte Situationen und Objekte: Laborgeräte, Tankarmaturen, Behälter und Gebinde, bis hin zu Waffen.

Deshalb ist im Einsatzabschnitt „Gefahrenbereich" mit dem höchsten Kommunikationsbedarf zu rechnen – nicht nur zwischen Angriffstrupp und Gruppenführer, sondern auch zwischen den Einsatzkräften, da besonders Vollschutzanzüge Typ 1a die sprachliche Verständigung im Trupp ohne Funk unmöglich machen.

3.7.3 Strukturierte Lagebeschreibung

Um Kommunikation zwischen Angriffstrupp und Gruppenführer so effizient wie möglich zu machen, helfen klare Strukturen und ein gemeinsames Verständnis von Sachverhalten. Dinge, die im normalen Gespräch eindeutig sind, werden bei der räumlichen Trennung von Trupp und Führung und der Beschreibung per Funk zur Herausforderung.

Eindeutige Beschreibungen

Bezeichnungen und Beschreibungen müssen eindeutig und auch im weiteren Einsatzverlauf für andere nachvollziehbar sein. Vorne-Hinten-Links-Rechts liegen immer im Auge des Betrachters. Besser ist die Markierung von Objekten mit Wachskreide oder „Tatort"-Schildern. Auch Fotos oder Videos vom Objekt sorgen für ein besseres Verständnis der Lage und unterstützen gleichzeitig die Einsatzdokumentation. Mittlerweile sind Foto-, Video- und Wärmebildkameras mit Funkübertragung genauso erhältlich wie explosionsgeschützte

Abb. 98: Eindeutige Kennzeichnung verschiedener Gefahrenobjekte

Smartphones und Drohnen mit Bildübertragungs- und Messtechnik. Nicht jede Technik ist schon ausgereift und im Feuerwehreinsatz verwendbar; aufgrund der schnellen Entwicklung in diesem Bereich sind eine stetige Sichtung des Marktes und die Erprobung verschiedener Angebote zu empfehlen.

Die Einsatzstelle und besonders der Gefahrenbereich muss konsequent und detailliert strukturiert werden! Jedes Gefahrenobjekt sollte einzeln nummeriert, eindeutig gekennzeichnet und bzgl. Aussehen, Inhalt, Leckagen und Kennzeichnungen beschrieben sein.

Es kann hilfreich sein, den Trupp mit einem Abfrageschema in gewissem Rahmen durch die Lagebeschreibung zu „führen". Das hat gegenüber der „freien Lagebeschreibung" folgende Vorteile:

- Die Geschwindigkeit der Beschreibung wird der Geschwindigkeit der (schreib-) Dokumentation angepasst – häufig gehen hier sonst Informationen verloren.

Ort:

Datum/Zeit:

	Behältertyp / Erkennungsmerkmal	Fassungs-vermögen	Aktueller Inhalt	Aktuell ausgelaufen	Leckagen	Stoffinformationen
1						
2						
3						
4						
5						
6						
7						
8						
9						
10						
11						
12						

Lagekarte

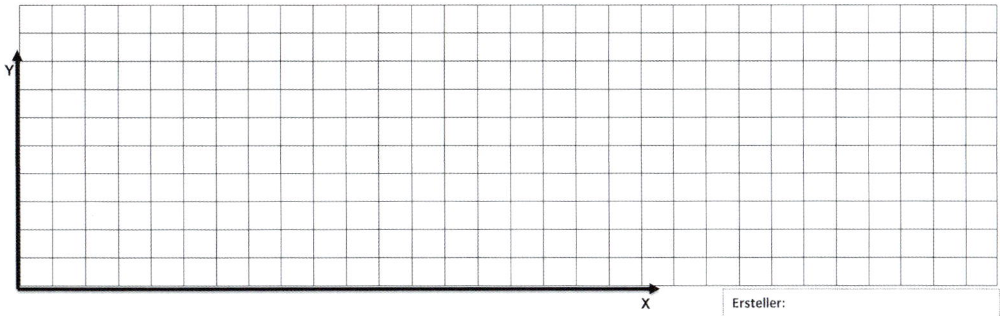

Ersteller:

Abb. 99: Dokumentations-Schema für die Erkundung von Objekten

Besondere Themengebiete

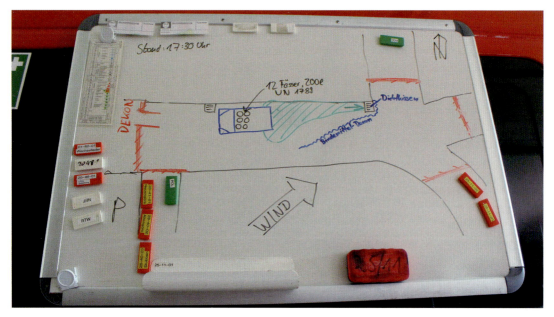

Abb. 100: Lageskizzen sind wichtiges Hilfsmittel zum strukturierten Informationsaustausch

- ▶ Unklarheiten fallen schneller auf und können geklärt werden, wenn derjenige das Gespräch leitet, der die Lage nicht vor Augen hat
- ▶ Durch hohe physische und psychische Stressbelastung des Trupps kommt es schnell zu unvollständigen Beschreibungen, die durch eine strukturierte Abfrage vervollständigt werden können.

Mit einer möglichst genauen Lageskizze, die laufend aktualisiert wird, behält die Einsatzleitung den nötigen Überblick. Bevor er im Gefahrenbereich eingesetzt wird, erhält jeder Trupp eine Einweisung anhand der Skizze und nach Verlassen der Dekon aktualisiert/präzisiert jeder Trupp die Skizze.

Hierbei kommen oft Details zu Tage, die über Funk falsch oder gar nicht übermittelt wurden.

3.7.4 Kommunikationshilfen

Es gibt zahlreiche Hilfsmittel, die entweder helfen, Sachverhalte eindeutig zu beschreiben oder die Übermittlung per Funk zu vereinfachen. Aus dem Katastrophenschutz-Bereich sind die Wetterhilfsmeldung und die „NBC 4 NUC-BIO-CHEM"-Meldung bekannte Möglichkeiten strukturierter Kommunikationshilfen.

Besondere Themengebiete

Mittlerweile haben viele ABC-Einheiten eigene Vordrucke erstellt und entwickeln diese ständig weiter. Ebenso arbeiten viele Einheiten mit vorgefertigten Beschreibungshilfen für Objekte und schwer beschreibbare Sachverhalte.

Solche Kommunikationshilfen können ein sehr sinnvolles und unterstützendes Werkzeug sein, aber sie müssen immer ein Teil der regelmäßigen Ausbildung sein, damit Sender und Empfänger gleiches Verständnis vom Gesagten haben. Daher sollte eine Kommunikationshilfe immer zum Ausbildungsstand und zum Einsatzvorgehen passen. Werden Einsätze z.B. oft mit anderen Einheiten zusammen abgearbeitet, die nicht entsprechend ausgebildet sind, muss es eine Rückfallebene (kleinster gemeinsamer Nenner) geben.

Eine Erkundungshilfe wird optimal eingesetzt, wenn der Angriffstrupp eine Version zur Lagebeschreibung mit sich führt (auf flüssigkeitsbeständige „Verpackung" und gute Handhabbarkeit mit dicken Handschuhen achten). Die Führungskraft hat eine zweite Ausführung und kann darin direkt Notizen vermerken.

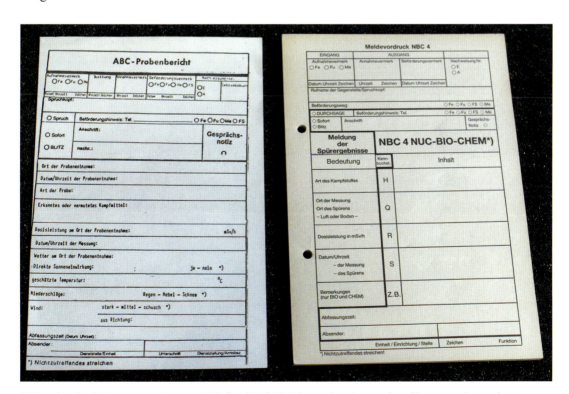

Abb. 101: ABC Probenbericht und NBC 4 NUC Meldevordruck aus dem Katastrophenschutz

Besondere Themengebiete

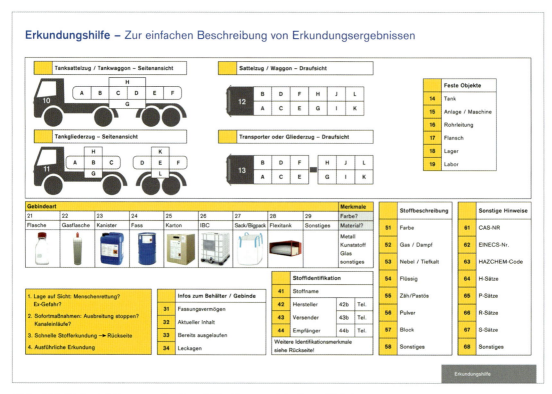

Abb. 102: Beispiel Kommunikationshilfe für verschiedene Objekte

Abb. 103: Kommunikationshilfen bedürfen regelmäßiger Ausbildung

Abb. 104: Erkundungshilfe in zweifacher Ausfertigung für den Angriffstrupp und den Gruppenführer

3.8 Brandbekämpfung

Analog zu anderen Einsatzlagen mit unklarem Gefahrenpotenzial sollte der Brandschutz im Gefahrstoffeinsatz zunächst 3-fach in der Form Wasser/Schaum/Pulver sichergestellt werden.

Der Aufbau einer leistungsfähigen Löschwasserversorgung ist auch für die Bereiche Dekontamination, Niederschlagen von Dämpfen oder Verdünnen erforderlich und daher ohnehin bereits in der ersten Einsatzphase sicherzustellen.

Gegenüber normalen Brandereignissen ist bei Gefahrstoffeinsätzen mit erhöhter Brandlast und Ausbreitung bis hin zur Explosion zu rechnen. Das sollte in der Dimensionierung (Ausbringungsmenge/Vorrat) und in der Positionierung (direkter Angriff, Riegelstellung) berücksichtigt werden. Auch wenn die üblichen Löschmittel in den meisten Fällen bei entsprechender Ausbringungsmenge erfolgversprechend sind, müssen bei gewissen Stoffen spezielle Maßnahmen ergriffen werden:

> Ausbringungsmenge und Vorrat

▶ Einige brennbare Flüssigkeiten wie z.B. Alkohole wirken zerstörend auf die Bläschen des Löschschaums. Hier muss alkoholbeständiges Sonder-Schaummittelkonzentrat verwendet werden. Auch andere Gefahrstoffe können Schaum zersetzen, wenn er zum Abdecken ausgasender Flüssigkeitslachen eingesetzt wird. Hier muss die Schaumdecke entsprechend der Zersetzungsrate regelmäßig erneuert werden (ausreichenden Vorrat an Schaummittel berücksichtigen)

> Spezielle Maßnahmen

Besondere Themengebiete

Abb. 105: Für den Brandschutz bei Gefahrstoffeinsätzen eignen sich vorallem große Tanklöschfahrzeuge mit Sonderlöschmitteln

- ▶ Gewisse Gefahrstoffe reagieren mit Wasser, indem z.T. heftige exotherme Reaktionen (große Wärmeentwicklung) ablaufen oder giftige oder explosive Gase (z.B. Wasserstoff) entstehen. Hier ist sowohl Wasser als Löschmittel und auch eine wasserbasierte Dekontamination nicht zu empfehlen, wenngleich die Menge des Stoffes und die Wassermenge maßgeblich dafür sind, wie groß die Gefahr durch Reaktionen tatsächlich ist.
- ▶ ABC-Pulver ist aufgrund seiner hohen Löschwirkung und der chemischen Stabilität gegenüber vielen Gefahrstoffen ein gutes Löschmittel. Gerade wenn Wasser als Löschmittel ausscheidet oder nicht in ausreichender Menge verfügbar ist. Allerdings muss Löschpulver in größeren Mengen durch Sonderlöschfahrzeuge (TroTLF/AB-Sonderlöschmittel) herangeführt werden, was eine rechtzeitige Alarmierung erfordert.

Besondere Themengebiete

- Kohlenstoffdioxid (CO_2) muss in größeren Mengen ebenfalls als Sonderlöschmittel an die Einsatzstelle beordert werden. Ein Einsatz ist nur innerhalb geschlossener Räume sinnvoll, da sich das Gas in freier Umwelt zu schnell ausbreitet, bzw. verdünnt. Wenn Wasser als Löschmittel ausscheidet oder sensible Bereiche nicht durch Löschmittel beschädigt werden sollen, kann ein Einsatz trotzdem sinnvoll sein.
- Trockener Sand oder Zement kann beispielsweise eingesetzt werden, wenn beim Brand von Metallen besonders hohe Temperaturen entstehen und der Einsatz von Wasser zur Bildung von Knallgas (Zerfall der Wassermoleküle in Wasserstoff und Sauerstoff) führen würde. Das Aufbringen des Löschmittels ist händisch aber sehr anstrengend und deshalb nur in kleinem Umfang sinnvoll möglich.

Abb. 106: Kennzeichnungen, die auf eine Reaktion des Gefahrstoffes mit Wasser hinweisen

Brände können im Gefahrstoffeinsatz eine besondere Herausforderung darstellen, weil Einsatzgrundsätze und Schutzkleidung bei Brand- und Gefahrstoffeinsätzen unterschiedlich sind. Einsatzprioritäten und Gefahren müssen daher abgewogen werden. Beispiele:

Einsatzprioritäten und Gefahren

- Mindestabstände im Gefahrstoffeinsatz können die Wurfweiten von Armaturen zur Löschmittelabgabe überschreiten.
- Brandschutz-Bekleidung hat nur eingeschränkte Schutzwirkung gegen Chemikalien – Chemikalienschutzanzüge haben nur eine eingeschränkte thermische Beständigkeit und keine isolierende Funktion.
- Beim Abbrennen von Chemikalien ist genau zu prüfen, welche Auswirkung das Ablöschen hätte. Gegebenenfalls ist das (kontrollierte) Abbrennen mit weniger Risiken verbunden, als das Ablöschen und unkontrollierte Austreten eines zündfähigen Stoffes.

3.9 Notfallkonzept

Der Einsatz von Kräften im Gefahrenbereich und unter spezieller persönlicher Schutzausrüstung birgt gegenüber normalen Einsätzen unter Atemschutz zusätzliche Gefahren und besondere Herausforderungen bei der Rettung von verunfallten Feuerwehrangehörigen.

Im Gefahrstoffeinsatz müssen deshalb spezielle Notfallmaßnahmen beherrscht werden, die im Vorwege bei Ausrüstung und Ausbildung konzeptionell berücksichtigt werden müssen.

Besondere Herausforderungen bei Notfällen im Gefahrstoffeinsatz sind:

- ▶ Einsatzkräfte in CSA unterliegen hohem physischen und psychischen Stress, was Notfälle grundsätzlich begünstigt
- ▶ Externe Einflüsse (mechanisch, thermisch, chemisch) können die PSA beschädigen und die FA durch Kontamination oder Aussetzen der Luftversorgung gefährden
- ▶ Vollumschließende Chemikalienschutzanzüge behindern die Versorgung von Verunfallten, z.B. mit Atemluft
- ▶ Chemikalienschutzanzüge erschweren den Transport von Verunfallten (glatte Oberfläche, keine Haltemöglichkeiten)

Abb. 107: Einsätze unter CSA sind besonders belastend und begünstigen Notfallsituationen

▶ Verunfallte sind kontaminiert und müssen vor weiteren Maßnahmen erst dekontaminiert werden
▶ Der Sicherheitstrupp muss mindestens so ausgerüstet sein wie der Angriffstrupp – mit CSA bedeutet das auch für den Sicherheitstrupp große Einschränkungen und enorme Belastung

Im Gefahrstoffeinsatz sind also die Risiken für Kräfte im Gefahrenbereich höher als im klassischen Brandeinsatz. Gleichzeitig werden die Rettungsmaßnahmen erschwert, weil Standard-Techniken und Ausrüstungsgegenstände aus der Atemschutz-Notfallrettung bei Brandeinsätzen nicht oder nur bedingt geeignet sind.

Die Beschäftigung mit Notfallmaßnahmen für den Gefahrstoffeinsatz gilt prinzipiell für alle Einheiten, die mit Gefahrstoff-Einsätzen konfrontiert werden können. Da aber insbesondere durch den Einsatz von Chemikalienschutzanzügen Risiken und Erschwernisse steigen, sollten in jedem Fall ABC-Spezialeinheiten mit entsprechender Ausrüstung und Einsatzhäufigkeit ein Notfallkonzept etablieren.

3.9.1 Umgang mit Notsituationen

Zur Aus- und Fortbildung von CSA-Trägern sollten das Erkennen von Notsituationen und der richtige Umgang damit zählen. Das beginnt dabei, seine eigene Leistungsfähigkeit (körperlich UND geistig) richtig einschätzen zu können und Warnsignale (Luftnot, Schwindel, Kopfschmerzen, „kalter Schauer", Angstgefühle, …) des Körpers frühzeitig selbst wahrzunehmen.

Das Ablegen von Schutzanzug und Atemschutz darf erst nach erfolgreicher Dekon erfolgen, was zusätzlichen Zeitaufwand bedeutet. CSA-Träger müssen also für die regelmäßige Druckkontrolle und die sorgfältige Planung ihrer Einsatz- und Rückzugszeit besonders sensibilisiert sein, da sie nicht wie im Brandeinsatz nach Verlassen des Gefahrenbereiches einfach „ablegen" können.

Hier sollte auch ausgebildet und (nur sehr kurzzeitig unter besonders kontrollierten Bedingungen) geübt werden, dass der vollumschließende Schutzanzug Typ 1a im Inneren ein Luftpolster aufbaut. Das Luftpolster besteht aus Ausatemluft, enthält also einen verringerten Sauerstoffanteil (ca. 17 vol. %) und einen erhöhten Anteil Kohlenstoffdioxid (ca. 4 vol. %); ist aber analog zur Atemspende in der ersten Hilfe grundsätzlich für eine kurzzeitig ausreichende Atemluftversorgung geeignet. Wissenschaftliche Versuche (Jenkins et al.

2012) sagen aus, dass unter Idealbedingungen nach spätestens fünf Minuten ohne Luftversorgung im CSA ein lebensbedrohlicher Zustand erreicht wird. Notfallmaßnahmen zur Luftversorgung sollten also deutlich unter diesem Wert wirksam sein.

Das bedeutet zum einen, dass kleinere Beschädigungen des Anzugmaterials nicht zwangsläufig zum Eindringen von Schadstoffen in den Anzug führen (es bleibt also Zeit für einen geordneten Rückzug statt Panik). Zum anderen lässt sich bei einem Ausfall der Atemluftversorgung (Defekt/Flasche leer) noch für kurze Zeit „aus dem Anzug atmen", wenn Lungenautomat oder Maske abgenommen werden. Dieser Zeitpuffer von wenigen Minuten reicht meistens aus, um den Gefahrenbereich zügig und geordnet zu verlassen und den Anzug notfallmäßig zu dekontaminieren. Damit wird die Gefahr für die Einsatzkraft gegenüber einem „chaotischen" Öffnen des Anzugs im Gefahrenbereich wesentlich verringert.

3.9.2 Spezieller Sicherheitstrupp

Einsatzkräfte mit Chemikalienschutzanzügen sind schwer, voluminös, schlecht anzufassen und in der Kommunikation eingeschränkt. Diese Tatsache muss bei der Ausrüstung und dem Vorgehen des Sicherheitstrupps beachtet werden.

Abb. 108: Gerätebereitstellung für den Sicherheitstrupp an der Absperrgrenze

Grundsätzlich gilt analog zum Sicherheitstrupp für den Brandeinsatz, dass dieser personell und materiell mindestens so gut wie der Angriffstrupp ausgestattet sein muss. Heißt im Gefahrstoffeinsatz also in der Regel: mit Chemikalienschutzanzügen und als 3er-Trupp, wenn der Angriffstrupp auch so vorgeht. Auch die Vorhaltung eines „Schweren Sicherheitstrupps" oder einer „Atemschutz-Notfall-Trainierten-Staffel", wie es bereits in vielen Feuerwehren bei Brand-Atemschutzeinsätzen praktiziert wird, ist ein deutlicher Sicherheitsgewinn für den Gefahrstoffeinsatz.

> Ausstattung des Sicherheitstrupps

Der Sicherheitstrupp sollte geeignete Transportausrüstung mitführen, da klassische Rettungstechniken aus dem Brandeinsatz (z.B. Halten an den Griffen des Atemschutzgerätes und Ziehen) bei vollumschließenden CSA nicht möglich sind.

Ebenso sollten Geräte zum Befreien eines CSA-Trägers aus dem Anzug (z.B. eine entsprechend dimensionierte Rettungsschere) für den Sicherheitstrupp und zusätzlich am Dekon-Platz bereit stehen.

3.9.3 Transport

Wie bereits erwähnt, stellt der Transport verunfallter Einsatzkräfte mit CSA eine enorme Herausforderung dar.

Genau wie beim klassischen Atemschutz-Notfallmanagement gibt es auch im Notfallmanagement für Gefahrstoffeinsätze nicht „die" alles umfassende Lösung, sondern mehrere Möglichkeiten, die zur jeweiligen Lage passen. Dazu zwei Beispiele:

▶ Ziehen, ggf. mit Bandschlinge:
Bei dieser Methode wird der verunfallte CSA-Träger von seinem Trupppartner oder dem Sicherheitstrupp am Oberkörper gehalten und gezogen. Idealerweise schleifen nur die Hacken auf dem Boden, sodass wenig Reibung entsteht und vor allem das Anzugmaterial nicht über den Boden geschleift wird. Das ist aufgrund des Gewichtes und der schwierigen Handhabung aber eine Herausforderung! Aufgrund des Körperumfangs von Kräften unter CSA wird ein Umgreifen und Halten ohne Hilfsmittel selten funktionieren. Hilfreich ist die Nutzung einer Bandschlinge oder das Festhalten an speziellen Rettungsgriffen am CSA, wobei die Griffe eher zur Befestigung von Ausrüstung als zum Festhalten mit dicken Handschuhen geeignet sind.

> Bandschlinge

Besondere Themengebiete

Abb. 109: Ziehen an außenliegenden Rettungsschlaufen

Abb. 110: Ziehen mit Bandschlinge

Besondere Themengebiete

▶ Tragen/Ziehen auf einer Trage
Die Verwendung einer Trage hat den großen Vorteil, dass Beschädigungen am Anzugmaterial durch Bodenkontakt vermieden werden. Nachteilig sind der Zeitaufwand zum „Verpacken" des Verunfallten auf dem Tragemittel und der Personalaufwand (mit zwei FA kaum über längere Strecke möglich). Auch hier wirkt sich das große Volumen eines CSA-Trägers nachteilig auf die klassischen Transportmittel aus. Praktische Erfahrungen zeigen große Probleme bei DIN-Krankentragen, Rettungsmulden oder „normalen" Rettungstüchern, da der Verunfallte darauf nicht passend gelagert werden kann. Schleifkorbtragen haben ein besseres Platzangebot und bieten mehr Stabilität beim Transport, sind aber nicht für beengte Räume geeignet.

Trage

Es gibt diverse professionell angebotene oder selbstgebaute Transportmittel für verunfallte CSA-Träger. Alle haben spezifische Vor- und Nachteile. Wichtig ist, das oder die Transportmittel in der Handhabung sicher zu beherrschen und verschiedene Handlungsmöglichkeiten für verschiedene Situationen (schnelle/schonende Rettung, Platzverhältnisse, Wegstrecke) verfügbar zu haben.

Abb. 111: Der Transport von verletzten CSA-Trägern ist sehr personalintensiv!

Besondere Themengebiete

Abb. 112: Externe Luftversorgung mit Sicherheitstrupp-Tasche

3.9.4 Atemluftversorgung

Während im Brandeinsatz das Mitführen einer externen Luftversorgung (Sicherheitstrupp-Tasche) mittlerweile Standard ist, sind Möglichkeiten zur Versorgung von CSA-Trägern mit externer Atemluft noch selten. Ein Öffnen des Anzuges zur Luftversorgung ohne vorherige Dekon birgt große Gefahr durch Kontamination für die Einsatzkraft im Schutzanzug und sollte nur bei unmittelbarer Lebensgefahr erfolgen. Dementsprechend muss ein Konzept zur Sicherstellung der Luftversorgung entweder auf einem sehr schnellen Transport zur Dekon beruhen oder technische Einrichtungen zur Luftversorgung ohne Öffnen des Anzuges beinhalten. Letzteres erfordert zusätzliche Komponenten zur Luftzuführung (Sicherheitstrupptasche/Flaschenwagen), Lufteinspeisung am Anzug („Luftdurchführung") und Pressluftatmer („Externe Einspeisevorrichtung/Umschaltventil").

Anzüge mit der Möglichkeit zur externen Luftversorgung haben oft auch Belüftungseinrichtungen, was das Mikroklima im Anzug positiv beeinflusst.

Trotzdem wird z.B. durch die Unfallkassen und die vfdb empfohlen, externe Atemluftversorgung nur außerhalb des Gefahrenbereiches (z.B. in der Dekon) zu nutzen. Das liegt zum einen am Risiko der Beschädigung der externen Luftversorgung im Gefahrenbereich. Zum anderen könnte eine Vergrößerung des Luftvorrates dazu verleiten, die Einsatzzeit deutlich auszudehnen – dann wäre die physische Leistungsfähigkeit des FA im Anzug der begrenzende Faktor, was bei Selbstüberschätzung die Unfallgefahr drastisch erhöht. Externe Atemluftversorgung sollte daher nur als zusätzliche Sicherheitseinrichtung und Unterstützung außerhalb des Gefahrenbereichs angesehen werden.

3.9.5 Notfalldekon und Sofortmaßnahmen

Bei Eintritt eines Notfalls im Gefahrstoffeinsatz ist von einer unmittelbaren Lebensgefahr auszugehen. Dementsprechend müssen nicht nur die Rettung und der Transport, sondern auch die notfallmäßige Dekon und medizinische Versorgung des Verunfallten vorbereitet und regelmäßig geübt werden.

Gemäß FwDV 500 sind lebensrettende Sofortmaßnahmen unter geeignetem Eigenschutz der Dekon vorzuziehen. Das sollte in der Einsatzplanung wie folgt berücksichtigt werden:

Lebensrettende Sofortmaßnahmen

Besondere Themengebiete

- Wenn Personal des Rettungsdienstes die Sofortmaßnahmen durchführt, benötigt es entsprechende PSA zum Eigenschutz und muss für das Tragen der PSA geeignet sein
- Wenn Kräfte der Feuerwehr unter geeigneter PSA für Sofortmaßnahmen eingesetzt werden sollen, sollten diese Kräfte mindestens für Maßnahmen der erweiterten ersten Hilfe ausgebildet sein und entsprechende Ausrüstung (z.B. Beatmungsbeutel, AED, Turnaquet) verfügbar haben.

Verletzte Einsatzkräfte

Die Dekontamination von verletzten Einsatzkräften und das richtige Entkleiden von CSA-Trägern sind sehr herausfordernd. Auch wenn das Aufschneiden von CSA nicht regelmäßig geübt werden kann, so sollten die grundsätzlichen Handgriffe (z.B. mit preiswerten Einweg-Overalls) regelmäßig geübt werden.

Nachfolgend zwei Varianten, wie Anzugträger durch Aufschneiden des Anzugs befreit werden können. Sofern die Lage auf dem Bauch vom Anzugträger toleriert wird, bietet sie eine stabile Positionierung und besseren Freiraum zum Aufschneiden, da sonst die Sichtscheibe im Weg sein kann.

Bei der auf Abbildung 113 dargestellten Variante wird der Anzug an Armen und Beinen aufgeschnitten und seitlich weggeklappt. Der „Rucksack" wird umlaufend von Schulter zu Schulter aufgeschnitten, sodass der Rucksack samt Kopfhaube nach vorn weggeklappt werden kann. Der FA ist dann so gut wie möglich vom Anzug befreit und kann nach oben schonend abgehoben werden.

Bei modernen CSA, die durch Gurte, Hosenträger oder Luftschläuche mit dem Anzugträger verbunden sind, ist diese Variante vorteilhaft, weil alle Elemente zugänglich sind und entfernt werden können.

Abb. 113: Notfallmäßiges Entkleiden durch Aufklappen und Herausheben

Bei der auf Abbildung 114 dargestellten Variante wird lediglich oberhalb des „Rucksacks" vom

CSA von Schulter zu Schulter geschnitten und die Kopfhaube nach vorne übergeklappt. Während mindestens zwei Helfer die Stiefel und Handschuhe festhalten, wird der Verunfallte an den Schultergurten des Pressluftatmers nach vorn/oben aus dem Anzug gezogen.

Diese Variante ist deutlich gröber und anfälliger für Kontaminationsverschleppung, dafür ist sie wesentlich schneller. Ist der FA mit dem Anzug durch Gurte, Schläuche o.ä. verbunden, wird diese Methode nur eingeschränkt funktionieren.

Abb. 114: Entkleiden durch Halten und Herausziehen

Letztlich sind die beiden vorgestellten Varianten lediglich Ideen und nur eingeschränkt durch praktische Übungen erprobt. Ermitteln Sie in Übungen, welche Maßnahmen innerhalb von drei Minuten (Zeit, bis zur Schädigung des Gehirns ohne Sauerstoffzufuhr) ab Eintritt des Notfalls realistisch möglich sind und richten Sie Ihre Planung entsprechend daran aus.

Gerade wenn eine Luftversorgung des CSA-Trägers ohne Öffnen des Anzuges nicht möglich ist, sind ein schneller Transport und eine zielgerichtete Dekon überlebenswichtig.

4 Vorgehen im Einsatz

4.1 Einsatzziel, Planung und Ressourceneinsatz

Ganz einfach ausgedrückt: Im Gefahrstoffeinsatz wollen wir den Zustand der Gefahr in einen Zustand der Sicherheit überführen – genauso wie bei allen anderen Einsatzlagen.

Auch der Weg zu einem erfolgreich abgeschlossenen Gefahrstoffeinsatz ist grundsätzlich der gleiche wie bei allen anderen Einsätzen. Trotzdem gibt es Besonderheiten zu berücksichtigen: Ein wesentlicher Unterschied bezüglich der Einsatzplanung zu anderen Einsatzarten ist, dass gute, schlechte oder auch gar nicht getroffene Entscheidungen deutlich komplexere und langfristigere Folgen haben. Sie müssen also wohl überlegt sein.

Ein (vereinfachtes) Beispiel:

Im Atemschutzeinsatz können Atemschutz-Geräteträger sich schnell eigenständig ausrüsten, in den Gefahrenbereich vorgehen und ihn auch schnell und selbstständig wieder verlassen. Sie können den Einsatz sogar unterbrechen, das Atemschutzgerät ablegen und zu einem späteren Zeitpunkt ihre Tätigkeit wieder aufnehmen. Es ist im Rahmen der Vorschriften und Grundsätze prinzipiell möglich, Atemschutzgeräte und Geräteträger mehrfach einzusetzen. Die „Ressource Einsatzkraft unter Atemschutz" ist zwar endlich, aber insgesamt recht schnell und vielzählig verfügbar.

Im Gefahrstoffeinsatz ist alleine das Ausrüsten von CSA-Trägern eine sehr zeit-, personal- und materialintensive Aktion. Sind die Kräfte dann einsatzbereit, gibt es nach Betreten des Gefahrenberei-

Vorgehen im Einsatz

Einsatzzeit: ca. 45 min.
Mehrfach einsetzbar: ggf. zweiter Einsatz möglich
Verfügbarkeit Mannschaft & Gerät: fast jede Feuerwehr
Nachalarmierungszeit: ca. 15 min. (nächste FW)

Einsatzzeit: ca. 20 min. + Dekon
Einmal einsetzbar (Anzug muss aufbereitet/entsorgt werden)
Verfügbarkeit Mannschaft & Gerät: nur Spezialkräfte
Nachalarmierungszeit: ca. 60 min (nächste Spezialeinheit)

Die Leistungsfähigkeit eines PA-Trägers beim Brandeinsatz entspricht bis zu vier CSA-Trägern im Gefahrstoffeinsatz

Die Nachbesetzung eines CSA-Trägers im Einsatz dauert ca. vier mal so lange wie die eines PA-Trägers

Abb. 115: Unterschiede bei den Ressourcen „PA-Träger" und „CSA-Träger"

ches keinen Spielraum für Unklarheiten: Der Einsatz kann nicht unterbrochen werden, weil ein Öffnen des CSA erst nach erfolgreicher Dekontamination möglich ist. Haben die Kräfte den Einsatz unter CSA beendet, sind die Anzüge kein zweites Mal nutzbar (Aufbereitung an der Einsatzstelle nicht möglich; Einweganzüge müssen entsorgt werden). Gleiches gilt in aller Regel auch für das Personal (höhere Belastung erfordert längere Regenerationszeit). Hinzu kommt die deutlich kürzere Einsatzzeit unter CSA, sowie die geringere Verfügbarkeit von zusätzlichen CSA und entsprechend ausgebildetem Personal. Die „Ressource Einsatzkraft unter Chemikalienschutz" ist also nicht nur schneller verbraucht, sie ist auch noch knapper und schwerer wiederzubeschaffen. Wie das obige Schaubild verdeutlicht, kann man für den Einsatz unter CSA ganz grob mit dem vierfachen Kräfteansatz gegenüber Feuerwehrangehörigen unter PA im Brandeinsatz rechnen.

Klares Ziel definieren

Aber nicht nur CSA-Träger, auch anderes spezialisiertes Personal und Material ist im Gefahrstoffeinsatz knapper und schwieriger zu ersetzen. Deshalb ist das Wichtigste im Gefahrstoffeinsatz ein klares Ziel und ein Plan, um dieses zu erreichen. Das gilt im Großen für die Führungskräfte, wie auch im Kleinen für die einzelne Einsatzkraft und ihre jeweilige Aufgabe. Es klingt simpel, ist aber allzu oft der Grund, warum Gefahrstoffeinsätze zu regelrechten Personal- und Materialschlachten werden.

Aus vielen anderen Einsatzlagen sind wir es in der Feuerwehr gewohnt, schnell zu handeln. Auf Basis der ersten Erkundung werden die ersten Maßnahmen ergriffen. Der Führungsvorgang nach FwDV 100 wird danach immer wieder durchlaufen, das Vorgehen während des Einsatzverlaufes dynamisch angepasst: die Rettungstechnik beim Verkehrsunfall, der Zugangsweg des Angriffstrupps – in Sekundenschnelle müssen die Einsatzkräfte manchmal umdisponieren, ohne dass dabei Ressourcen merklich verloren gehen.

Schickt man dagegen den CSA-Trupp mit einem unklaren Auftrag oder falschem Werkzeug los, hat man die „Ressource Einsatzzeit unter CSA" zumindest bei diesem Trupp und in diesem Einsatz unwiederbringlich verschwendet und es muss nun auch noch aufwändig für ersatz gesorgt werden.

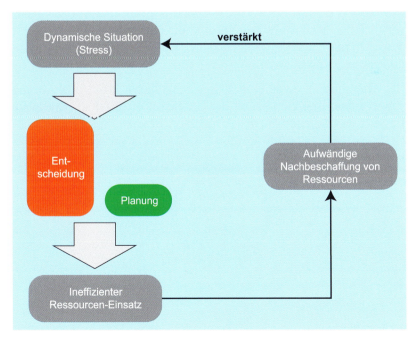

„Problemspirale"

Abb. 116: „Problemspirale" im Führungsvorgang beim Gefahrstoffeinsatz: Ressourcenknappheit und zu wenig Sorgfalt bei der Planung

Vorgehen im Einsatz

Abb. 117: Trupps unter CSA müssen vor Betreten des Gefahrenbereiches detailliert eingewiesen werden und einen klaren Einsatzauftrag erhalten

Einsatzziel und Plan

Es wäre schön, sich ausführlich Gedanken machen zu können, wie Einsatzziel (sicherer Zustand) und Plan (Weg zum Ziel) aussehen, bevor die erste Maßnahme beginnt und die erste Ressource eingesetzt wird. Mit gewissen Maßnahmen kann das Zeitfenster zur Planung zumindest vergrößert werden.

Der Weg zum Einsatzziel ist also ein möglichst effizienter Einsatz von Personal und Gerät, und der **Schlüssel dazu ist die statische Lage**. Alle Maßnahmen müssen darauf abzielen, aus der dynami-

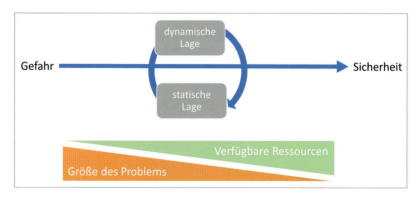

Abb. 118: Statische Lagen als wichtige Zwischenschritte zum Erreichen des Einsatzziels

schen Lage eine statische zu machen. Das verschafft ausreichend Zeit für Planung und damit einen effizienteren Ressourceneinsatz, der die Kräfte dann näher an das Einsatzziel bringt.

Diese Philosophie wird sich in den nachfolgend beschriebenen Einsatzphasen wiederfinden und kann sowohl die Führungskräfte der ersteintreffenden Feuerwehr als auch die Spezialkräfte im weiteren Einsatzverlauf unterstützen.

4.2 Phase 1 – GAMS-Vorgehen der ersteintreffenden Kräfte

Egal ob eine Gefahrstoff-Lage bereits bei Alarmierung feststeht oder erst im laufenden Einsatz erkannt wird: in den allermeisten Fällen sind „normale" Einheiten der Feuerwehr als erstes mit der Situation vor Ort konfrontiert. Sei es der Löschzug der Berufsfeuerwehr oder

Abb. 119: Erstmaßnahmen bei Gefahrstoffeinsätzen werden meist durch reguläre Einheiten der Feuerwehr ohne Spezialausrüstung und -ausbildung durchgeführt

Vorgehen im Einsatz

die Staffel mit Tragkraftspritzenfahrzeug der freiwilligen Ortsfeuerwehr – selten steht spezielle Gefahrstoffausrüstung oder Fachberatung in der ersten Einsatzphase zur Verfügung, und die Zeit bis zum Eintreffen von ABC-Spezialkräften muss überbrückt werden.

GAMS-Regel

Entsprechend FwDV 500 hilft die sogenannte GAMS-Regel, die Maßnahmen örtlicher Feuerwehreinheiten in der ersten Phase eines Gefahrstoffeinsatzes zu strukturieren:

G – Gefahr erkennen

Erkennungsmerkmal	Beispiel
Einsatzmeldung	Auslösen einer stationären Gaswarnanlage für Ammoniak in einem Kühllager
Gefahrstoff-Kennzeichnung	Warntafel an Fahrzeugen, Gefahrzettel/GHS-Symbole an Packstücken
	Transport-Begleitpapiere
Kombination von Örtlichkeit und Schadensbild	Verletzte mit Atemwegsreizungen im Hallenbad
	Bewusstloser Arbeiter im Kanalschacht
Sehen, Hören, Schmecken	Geruch von faulen Eiern (Schwefelwasserstoff)
	Braune Gaswolke (Nitrose Gase)
	Typischer Geruch/Zischgeräusch (Erdgasleitung)
Schilderung von Anwesenden an der Einsatzstelle	Private „Chemikaliensammlung" des Nachbarn
	Aussagen von Betriebspersonal oder Fahrzeugführern
	Suizidandrohung
„Ungewöhnliches"	Mehrere Patienten mit Schwindel/Grippesymptomen in einem Mehrfamilienhaus (CO-Vergiftung?)
	Mehrere Verletzte mit unklaren Symptomen an einem exponierten öffentlichen Ort (Terroranschlag?)

Sollte eine Gefahr erst im Einsatzverlauf erkannt werden, müssen die aktuellen Einsatzmaßnahmen unterbrochen werden, um den Einsatz auf Basis der neuen Gefährdungslage neu zu strukturieren und keine Kräfte unnötig zu gefährden.

A – Absperren

Standardmäßig sollte bei Ereignissen im Freien ein Radius von 50 Metern als innere Absperrgrenze um den Gefahrenbereich festgelegt werden. Dieser Gefahrenbereich wird dann nur noch auf Anweisung des Einsatzleiters von Einsatzkräften mit entsprechender Schutzausrüstung betreten und erst nach erfolgreicher Dekontamination wieder verlassen.

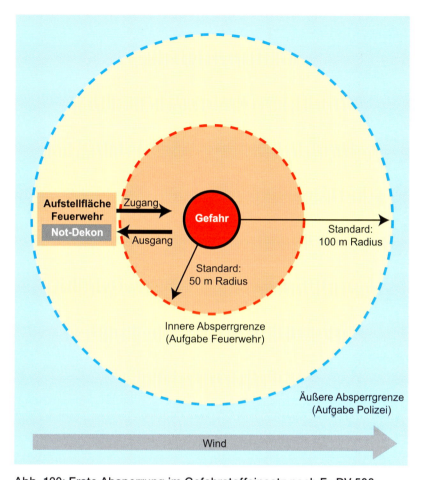

Abb. 120: Erste Absperrung im Gefahrstoffeinsatz nach FwDV 500

Situationsangepasst kann der Absperr-Radius verkleinert werden, wenn die Gefahr oder die Ausbreitung begrenzt sind (z.B. bei einem Stoffaustritt in einem Gebäude). Ebenso muss aber der Radius erweitert werden, wenn bereits eine größere Gefahr (Explosion, Ausbreitung) zu vermuten ist. Wichtig ist neben einer klaren Kennzeichnung der Absperrgrenze die Überwachung: Nicht selten wollen Beteiligte „nochmal eben" ans oder ins Schadenobjekt oder handeln irrational unter Schock – dabei setzen sie sich einem Risiko aus, verursachen durch ihre Rettung oder unüberlegte Handlungen zusätzliche Arbeit für die Feuerwehr und sorgen im Zweifel auch für eine Kontaminationsverschleppung.

Vorgehen im Einsatz

Checkliste 9

Absperrgrenze Gefahrenbereich

- ❏ Lage: Standardmäßig 50 m Radius ums Gefahrenobjekt
- ❏ Absperrung klar kennzeichnen (mindestens Absperrband)
- ❏ Absperrung überwachen
- ❏ Kontaminierte Personen und Einsatzkräfte bis zur Dekontamination innerhalb der Absperrgrenze belassen und betreuen
- ❏ Gefahren regelmäßig neu bewerten und Absperrgrenze wenn nötig verschieben
- ❏ Äußere Absperrgrenze vorausschauend groß festlegen (nachrückende Kräfte)

M – Menschenrettung

Die Menschenrettung ist in den meisten Fällen der einzige Anlass, bei dem Kräfte der ersteintreffenden Feuerwehr den Gefahrenbereich betreten. Für alle anderen Tätigkeiten muss sehr genau abgewogen werden, ob PSA, Ausrüstung und Ausbildung für das erhöhte Risiko ausreichend sind.

Risiko Inkorporation

Gegen das größte Risiko, die Inkorporation (z.B. Aufnahme über die Atemwege oder durch Verschlucken) des Gefahrstoffes können sich reguläre Feuerwehr-Einheiten durch den Einsatz umluftunabhängiger Atemschutzgeräte wirkungsvoll schützen. In Kombination mit der vollständigen Brandschutzbekleidung inklusive Feuerschutz-/Kontaminationsschutzhaube ist für die meisten Stoffe ausreichender Schutz für eine kurzzeitige Exposition gegeben. Zu beachten ist allerdings, dass gerade die Handschuhe oft in Kontakt mit Gefahrstoffen kommen und diese im Vergleich zur Überjacke/-hose meist keine Membran zum Schutz gegen Chemikalien besitzen.

Schnelligkeit ist deshalb ein entscheidender Faktor, sodass die Kontaktzeit mit dem Gefahrstoff und ein mögliches Durchschlagen durch die Bekleidung bestmöglich reduziert werden.

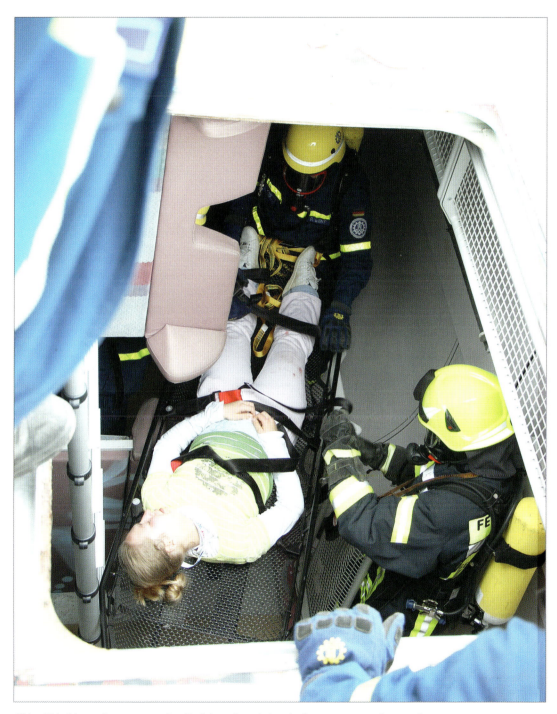

Abb. 121: Menschenrettung im Gefahrenbereich mindestens unter Atemschutz

> In diesem Zusammenhang sind auch die Informationen zur „Notdekontamination" zu beachten: Die einzig wirksame Dekontaminationsmethode bei kontaminierten Textilien ist das Entkleiden und erst anschließend das Abduschen der betroffenen Person.

Checkliste 10

Menschenrettung

- ❑ PSA: Mindestens Pressluftatmer, Schutzhaube, vollständige Brandschutzbekleidung
- ❑ Chemikalienbeständige Handschuhe verwenden, wenn vorhanden (z.B. Ausstattung HLF)
- ❑ Kontakt zum Gefahrstoff vermeiden
- ❑ Aufenthaltszeit im Gefahrenbereich auf das absolute Minimum beschränken
- ❑ Kontaminierte Personen und Einsatzkräfte sofort an der Absperrgrenze entkleiden und abduschen
  - Für Wärmeerhalt und Sichtschutz der Personen sorgen
  - Frühzeitige Info an den Rettungsdienst: Verletzungen, Kontamination
- ❑ Lebensrettende Sofortmaßnahmen auch vor Dekon, Eigenschutz beachten

S – Spezialkräfte nachfordern

Für alle weiteren Einsatzmaßnahmen werden in der Regel die Ressourcen (Kräfte, Ausbildung, PSA, Gerätschaften) der örtlichen Feuerwehr nicht ausreichen. Daher ist eine frühzeitige Alarmierung von Spezialkräften notwendig. Diese werden aufgrund ihrer Spezialisierung zentral für ein großes Gebiet vorgehalten und haben entsprechend lange Vorlaufzeiten und Anmarschwege, regelmäßig 45 Minuten und mehr. Außerdem ist das umfangreiche Equipment und Personal meist auf mehrere Fahrzeuge und Abmärsche verteilt.

Eine möglichst umfangreiche und präzise Lagebeschreibung ist deshalb sehr wichtig, um die richtigen Ressourcen schnellstmöglich an der Einsatzstelle zur Verfügung zu haben.

Neben den ABC-Spezialkräften sind auch alle weiteren benötigten Einheiten in der Nachalarmierung zu berücksichtigen. Dies können beispielsweise sein:

- ▶ Weitere Feuerwehreinheiten (Brandschutz, technisches Gerät, Führungsunterstützung/Leitungsfunktionen, Lautsprecherwagen, …)
- ▶ Polizei (Absperrung, Evakuierung)
- ▶ Rettungsdienst (Verletztenversorgung, Bereitstellung für eigene Sicherheit, Betreuung von evakuierten Personen)
- ▶ THW (spezielles technisches Gerät, ggf. ABC-Fachkräfte)
- ▶ Logistik/Verpflegung für längere Einsatzverläufe
- ▶ Fachunternehmen (z.B. Saugwagen, Kran, Überfässer)
- ▶ Politik/Verwaltung (z.B. untere Wasserbehörde, Ordnungsamt)
- ▶ Ver- und Entsorger (Trennen betroffener Objekte von Strom und Gasversorgung, Kanalkataster)
- ▶ Fachberater (z.B. TUIS), Betriebspersonal, etc.

Einheiten in der Nachalarmierung

Abb. 122: Organisationsübergreifende Spezialkräfte mit besonderen Fähigkeiten rechtzeitig nachalarmieren

Vorgehen im Einsatz

Checkliste 11

Nachalarmierung

- ❑ Rückmeldung an Leitstelle mit detaillierter Lagebeschreibung:
  - Welcher Gefahrstoff?
  - Was für ein Gefahrenobjekt?
  - Welche Mengen? (bereits ausgetreten, Leckrate, verbleibende Menge)
  - Verletzte und Art der Verletzungen?
  - Kontamination?
  - Ausbreitung/Gefahren für umliegende Gebiete
- ❑ Nachforderung benötigter Einheiten/Organisationen
- ❑ Windrichtung und Anfahrtsbeschreibung für weitere Kräfte
- ❑ Bereitstellungsräume
- ❑ Ansprechpartner auf Funk für nachrückende Kräfte, ggf. separate Rufgruppe
- ❑ Funk ständig besetzt halten

4.3 Phase 2 – Maßnahmen bis zum Eintreffen der Spezialkräfte

Auch wenn die GAMS-Merkhilfe bei der Nachforderung von Spezialkräften endet, sollte die Zeit bis zu deren Eintreffen nicht ungenutzt verstreichen – oder noch schlimmer – mit falschem Aktionismus gefüllt werden.

Nach der Menschenrettung aus dem Gefahrenbereich kommt es objektiv bereits zu einer deutlichen Lagestabilisierung – die größte unmittelbare Gefahr, nämlich die für Menschenleben im Gefahrenbereich, ist gebannt. Viele Lagen bleiben in ihrer Wirkung auf die Einsatzkräfte aber hoch dramatisch und dynamisch. Die Führungskräfte vor Ort sollten sich jetzt buchstäblich „Raum" zur Reflexion der Lage und der Planung nächster Schritte nehmen, bevor mit dem Anrücken weiterer Kräfte neue Dynamik aufkommt. Das kann auch

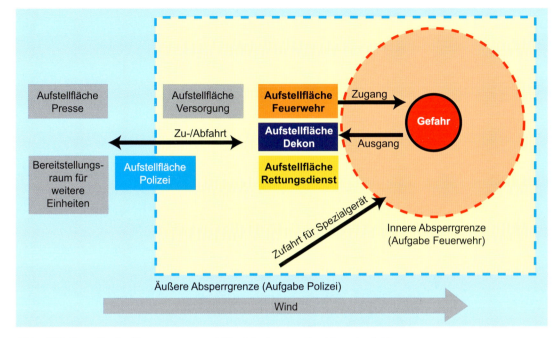

Abb. 123: Erweiterte Absperrung und Strukturierung der Einsatzstelle

bedeuten, Kräfte zurückzunehmen, Abstände zu vergrößern und einer möglichen Ausbreitung zwar Raum einzuräumen, gleichzeitig ihr aber die Dynamik und Gefahr zu nehmen.

Folgende Maßnahmen können beispielsweise von den örtlichen Kräften bis zum Eintreffen nachalarmierter Einheiten durchgeführt werden:

▶ Strukturierung der Einsatzstelle
  - Räumlich, inkl. Bereitstellungs- und Aufstellflächen
  - Organisatorisch (Abschnitte, Kommunikation, Verantwortlichkeiten, Aufgaben)
  - Priorisiert (welche Maßnahme ist wie wichtig)
▶ Maßnahmen zur Gefahrenabwehr in ausreichender Entfernung zum Gefahrenobjekt
  - Abdichten von Kanaleinläufen/Abwasserleitungen
  - Erstellen einer Eindeichung zum Stoppen weiterer Ausbreitung
  - Warnung oder Evakuierung von Personen
▶ Aufbau einer leistungsfähigen Wasserversorgung
  - Brandschutz
  - Dekontamination
  - ggf. Niederschlagen von Dämpfen

Abb. 124: Großer Platzbedarf der Spezialeinheiten erfordert eine konsequente Ordnung des Raumes

Vorgehen im Einsatz

4.4 Phase 3 – Erstmaßnahmen der Spezialkräfte

Platzbedarf, Informationsbedarf, Eigendynamik – diese drei Wirkungsfelder können schlecht vorstrukturierte Einsatzstellen beim Eintreffen von nachalarmierten Spezialeinheiten in eine zweite Chaosphase versetzen. Deshalb sollten wichtige Informationen wie Anfahrtsrichtung, Bereitstellungs- und Aufstellraum, Kommunikations- und Führungsstruktur sowie der Einsatzauftrag aller nachrückenden Einheiten bestenfalls schon vorab per Funk zwischen der Einsatzleitung und den Spezialkräften abgestimmt werden. Spätestens direkt beim Eintreffen und vor dem ersten Handgriff müssen diese Rahmenbedingungen für alle geklärt sein. In vielen Orten behält der örtliche Einsatzleiter die Gesamteinsatzleitung und die Spezialkräfte ordnen sich in einem eigenen Einsatzabschnitt unter. Hier sollten dann unbedingt Rollen, Aufgaben, Handlungsspielräume und Schnittstellen festgelegt werden.

Tätigkeitsbereich der Spezialkräfte

Grob lässt sich der Tätigkeitsbereich der Spezialkräfte im Gefahrstoffeinsatz in drei Gebiete gliedern, die sich jetzt an der Einsatzstelle entwickeln:

- ▶ Erkundung und Maßnahmen im Gefahrenbereich
- ▶ Dekontamination
- ▶ Unterstützende Tätigkeiten (Bereitstellung von PSA und Geräten, Sonderlöschmittel, Abschnittsleitung, Informationsbeschaffung etc.)

Aufgabe der örtlichen Wehr ist dabei die Unterstützung der Spezialeinheit, die je nach Gegebenheiten und Absprachen vom reinen Absperren bis zur Stellung von Personal für einzelne Einsatzabschnitte reicht.

4.5 Phase 4a – Erkundung und Maßnahmen im Gefahrenbereich

Einsatzkräfte gehen jetzt unter erweiterter PSA in den Gefahrenbereich vor. Meistens bestehen in der Anfangsphase zwei konkurrierende Probleme, die der Angriffstrupp behandeln muss:

Abb. 125: Konkurrierende Einsatzschwerpunkte in der ersten Einsatzphase

Der Trupp muss also ständig abwägen, ob die Stabilisierung der Lage oder die Beschaffung von Informationen als Einsatzziel verfolgt wird. Idealerweise werden diese Entscheidungen vom Gruppenführer getroffen, da dieser unter geringerem physischem Stress steht (kein CSA) und die Gesamtlage auch aufgrund seiner Qualifikation besser einschätzen kann. Tatsächlich sind aber auch viele Lagen erst aus unmittelbarer Nähe vom Angriffstrupp ausreichend erkennbar. Der Informationsaustausch per Funk ist fehlerbehaftet und langwierig, sodass dem Trupp ein gewisser Entscheidungsspielraum eingeräumt werden sollte.

Bei der Abwägung der Schwerpunktsetzung helfen folgende Leitfragen:

▶ Welche Maßnahmen stabilisieren die Lage, ohne dass zusätzliche Informationen benötigt werden?
▶ Welche Informationen werden unbedingt benötigt, um weitere Maßnahmen durchführen zu können?
▶ Wieviel Aufwand ist mit der jeweiligen Maßnahme/Informationsbeschaffung verbunden und wieviel Nutzen lässt sich daraus ableiten?

Abwägung der Schwerpunktsetzung

Dazu zwei Beispiele:

Ein Kleintransporter mit Stückgut (diverse Kanister à 20 L) ist verunfallt, einige Kanister sind umgekippt, beschädigt und laufen aus.

Variante 1: Der Angriffstrupp erkundet zunächst jeden Kanister bzgl. Gefahrstoff, Inhalt, Leckagen und gibt die Informationen per Funk weiter.

Variante 2: Der Trupp richtet zunächst alle umgestürzten Kanister auf und lagert beschädigte Kanister in Auffangbehälter um.

Aufgrund der geringen Menge und guten Handhabbarkeit ist die Lagestabilisierung der Informationsbeschaffung vorzuziehen. Nach dem Aufrichten und Umlagern ist die Ausbreitung gestoppt und es bleibt erheblich mehr Zeit für eine ausführliche Erkundung.

Ein Tanklastzug mit unbekannter Flüssigkeit ist beschädigt worden. Die Leckage lässt sich abdichten, allerdings müssen dazu Werkzeug und Leitern eingesetzt werden

Variante 1: Der Angriffstrupp erkundet zunächst eine mögliche Explosionsgefahr und prüft den pH-Wert/Ölnachweis der Flüssigkeit.

Variante 2: Der Angriffstrupp kümmert sich zunächst um die Abdichtung der Leckage.

In diesem Fall wird die Maßnahme gegen Ausbreitung deutlich aufwändiger. Es wird eventuell Spezialwerkzeug (nicht-funkenreißend) benötigt und eine Kontamination mit dem Gefahrstoff ist zu erwarten, worauf sich die Kräfte der Dekon einstellen sollten.

Der vergleichsweise kurze Zeitbedarf für die Informationsbeschaffung ist hier sinnvoll investiert, da durch die Ex-Messung das richtige Werkzeug ausgewählt werden kann. Durch den pH-Test/Ölnachweis kann ein geeignetes Dekontaminationsverfahren angewendet und eine gezielte Prüfung auf Rest-Kontamination nach der Dekon durchgeführt werden.

Pauschal lassen sich die Prioritäten im Gefahrenbereich also nicht vorhersagen. Da die genaue Erkundung eines Objektes und die Weitergabe der Informationen per Funk sehr zeitaufwändig sind (z.B. Buchstabieren komplexer Stoffnamen), sind in den meisten Fällen die Maßnahmen gegen Ausbreitung der ausführlichen Erkundung vorzuziehen.

4.6 Phase 4b – Maßnahmen außerhalb des Gefahrenbereiches

Um die Tätigkeiten der Trupps im Gefahrenbereich möglichst wirkungsvoll und sicher zu machen, bedarf es einer umfassenden Zuarbeit im rückwärtigen Bereich der Einsatzstelle.

■ Betreuung der Einsatzkräfte unter CSA

Das Vorgehen in erweiterter PSA, insbesondere in gasdichten Chemikalienschutzanzügen, ist eine große Herausforderung. Die Einsatzkräfte in den Anzügen werden durch Gewicht, Mikroklima, Einschränkungen beim Sehen, Hören und Sprechen stark physisch und psychisch beansprucht. Bereits das Ankleiden und Ausrüsten ist ohne Hilfe kaum durchzuführen. An der Einsatzstelle sollte daher ausreichend Personal zur Verfügung gestellt werden, um Einsatzkräfte unter CSA bestmöglich zu unterstützen. Dazu zählen beispielsweise:

▶ Bereitlegen aller benötigten Ausrüstungsgegenstände
▶ Unterstützen beim Ausrüsten und Ankleiden (Helfen beim Einstieg in den CSA, Aufbringen von Anti-Beschlagmittel, Anschließen des Lungenautomaten, Schließen des Anzuges)
▶ Vorhalten einer Sitzgelegenheit für Trupps in Bereitstellung (Sonnen/Wetterschutz wenn möglich)

> Unterstützung von Einsatzkräften unter CSA

Abb. 126: Bereitstellung CSA mit zugehöriger Ausrüstung

▶ Transport abgelegter Kleidung/Wechselkleidung der CSA-Träger zum Dekon-Platz
▶ Anschluss externer Luftversorgung am CSA für Atemluft und Kühlung während der Bereitstellung und der Dekon – aber nicht im Gefahrenbereich
▶ Einrichtung eines Ruhebereiches (Wetterschutz, Wärmeerhalt) mit Verpflegungsmöglichkeiten für Kräfte nach ihrem Einsatz

Checkliste 12

Geräte für das Ausrüsten von CSA-Kräften

- ❑ Wasserfeste Unterlage (Decke, Plane, CSA-Tasche), besser kompletter Wetterschutz (Markise, Zelt, …)
- ❑ Chemikalienschutzanzug, ggf. notwendige Überhandschuhe/Stiefel
- ❑ Pressluftatmer, ggf. mit Anschluss für externe Luftversorgung
- ❑ Vollmaske mit Kommunikationszubehör
- ❑ Funkgerät mit großem Sprechtaster (auf passendes Audioprofil im Digitalfunkgerät achten)
- ❑ Baumwoll-Unterziehhandschuhe
- ❑ Anti-Beschlagmittel mit Papierhandtüchern zum Auftragen und Klarwischen
- ❑ Ggf. spezieller Helm, wenn der normale (Vollschalen-)Helm nicht unter den CSA passt
- ❑ Ggf. Kühlweste für Anzugträger
- ❑ Ggf. zusätzliche Schutzkleidung gegen extreme Hitze oder Kälte (z.B. tiefkalte Medien)
- ❑ Witterungsgerechte Unterziehbekleidung (z.B. Overall)

■ **Dekontamination**

Gemäß FwDV 500 muss spätestens 15 Minuten nach dem ersten Anlegen von Sonder-PSA (Zeitpunkt Anschluss Lungenautomat) der Dekon-Platz (mindestens Dekon Stufe II) betriebsbereit sein. Eine Not-Dekon muss ab dem Betreten des Gefahrenbereiches durch Einsatzkräfte einsatzbereit und ständig besetzt sein. Im Sinne der Sicherheit der Einsatzkräfte sollte insbesondere bei unübersichtlichen

Lagen und hohem Gefahrenpotenzial (sehr gefährlicher Stoff, Gefahr mechanischer Beschädigungen der Schutzkleidung etc.) genau abgewogen werden, ob mit dem Einsatz von Kräften im Gefahrenbereich nach Abschluss der Menschenrettung nicht so lange gewartet wird, bis der Dekon-Platz betriebsbereit ist.

Checkliste 13

Dekon

- ☐ angemessene PSA für den Dekon-Trupp (mindestens: Maske/Kombifilter, Chemikalien-Handschuhe, Schürze, wasserdichte und beständige Stiefel)
- ☐ Geeignetes Verfahren (nass/trocken, mechanische Reinigung)
- ☐ Geeignete Mittel (Bindevlies, Wasser, Waschzusätze)
- ☐ Temperatur und Einwirkzeit (Warmwasser, externe Atemluftversorgung)
- ☐ Ggf. Funkgeräte zur Kommunikation mit dem zu dekontaminierenden Trupp
- ☐ Ausreichende Auffangbehälter für Duschwasser
- ☐ Messtechnik zum Nachweis des Dekontaminationserfolges
- ☐ Bekleidung für den dekontaminierten Trupp
- ☐ Wetterschutz, Sitzmöglichkeiten für das Dekon-Personal in Pausen zwischen den Dekontaminationsvorgängen

Für das Auskleiden von Einsatzkräften unter CSA sollte der Dekon-Trupp Aufgabenteilung betreiben:

Dekon-Helfer (schwarz)

▶ Führt mechanische Reinigung am kontaminierten Trupp durch oder unterstützt den Trupp dabei
▶ Prüft den Dekontaminationserfolg (z.B. pH-Indikator)
▶ Öffnet den Schutzanzug und rollt den Anzug von innen nach außen vom Geräteträger ab
▶ Achtet darauf, keinen direkten Kontakt mit der Einsatzkraft und dem Anzuginneren zu haben

Vorgehen im Einsatz

Abb. 127: Entkleiden von CSA-Trägern und optische Kennzeichnung der Dekon-Helfer „schwarz/weiß" durch unterschiedliche Farben der Spritzschutzanzüge (rot/gelb)

▶ Verschließt nach dem Auskleiden den Schutzanzug und legt ihn in eine luftdichte Verpackung

Dekon-Helfer (weiß)

▶ Hilft beim Aussteigen aus dem Anzug (stützt den Anzugträger und hält die Stiefel im Anzuginneren fest), ohne die Außenseite des CSA zu berühren

▶ Versorgt den Anzugträger mit Wechselkleidung und unterstützt beim Ablegen der restlichen PSA

▶ Verschließt die luftdichte Verpackung des CSA und anderer Gerätschaften

Erkennbare Rollenverteilung im Dekon-Trupp

Es empfiehlt sich, die Rollenverteilung im Dekon-Trupp (schwarz/weiß) äußerlich kenntlich zu machen, damit Schutzanzugträger nicht versehentlich den „weißen" Dekon-Helfer durch Berührung kontaminieren.

Die Dekontamination kann wesentlich effektiver erfolgen, wenn sich der CSA-Trupp beim Beginn des Rückzugs aus dem Gefahrenbereich bei der Abschnittsleitung Dekon per Funk anmeldet. Folgende Informationen sind hilfreich:

Anmeldung des CSA-Trupps bei der Dekon

- ▶ Trupp begibt sich jetzt in Richtung Dekon
- ▶ Anzahl Truppmitglieder
- ▶ Restdruck
- ▶ Ist der Trupp mit Gefahrstoff in Berührung gekommen?
- ▶ Wo sind die Kontaminationen (z.B. Stiefel und Handschuhe)?
- ▶ Wenn die Einsatzstelle mehrere Gefahrstoffe umfasst: Mit welchem Gefahrstoff ist der Trupp in Berührung gekommen?

Die Dekon endet mit der Meldung an die Atemschutzüberwachung, dass der Trupp erfolgreich dekontaminiert wurde und Atemschutz ablegt. Eventuelle Vorkommnisse (Kontamination) und weitere Behandlungen des Trupps sind zu protokollieren.

Ende der Dekon

■ Gerätelogistik

Je nach Lage muss der Angriffstrupp mit zusätzlichen Geräten zum Messen, Abdichten, Auffangen, Umpumpen etc. versorgt werden. Um keine wertvolle Einsatzzeit der CSA-Träger zu verschenken, sollte die Bereitstellung möglichst schnell erfolgen oder der Einsatz des nächsten Trupps verzögert werden, bis die benötigte Technik bereit steht.

Für die erste Einsatzphase ist es sinnvoll, an der Absperrgrenze standardmäßig immer ein Materialdepot mit Gerätschaften für Erstmaßnahmen bereitzustellen – so wie es seit längerer Zeit bei der Verkehrsunfallrettung praktiziert wird. Dadurch kann der Angriffstrupp schnell auf das benötigte Equipment ohne Rückfragen zugreifen. Solch eine Gerätebereitstellung könnte zum Beispiel beinhalten:

- ▶ (Ex-geschütztes) Beleuchtungsmaterial
- ▶ Löschmittel (Wasser, Schaum, Pulver)
- ▶ Kleinere Auffangwannen aus Kunststoff/Edelstahl
- ▶ Dichtkeile rund/länglich mit (funkenfreiem) Hammer
- ▶ Dichtpaste
- ▶ (funkenfreies) Handwerkzeug
- ▶ Bindemittel zum Eindeichen/Schachtabdeckungen
- ▶ (Ex-geschützte) Wärmebildkamera
- ▶ Messtechnik (Ex-/O_2-Messgerät, pH-Papier, Öltest)

Gerätebereitstellung

Vorgehen im Einsatz

Abb. 128: Gerätebereitstellung an der Absperrgrenze

Geräte an der Absperrgrenze

Geräte, die an der Absperrgrenze bereitgestellt werden, sollten soweit wie möglich einsatzbereit vorbereitet sein: Die Montage unter CSA (Sicht, Fingergefühl) wäre sonst sehr aufwändig und kostbare Ressourcen würden verschwendet. Die Vorbereitung kann beispielsweise enthalten:

Abb. 129: Rollwagen mit Pumpen und Zubehör

- ▶ Pneumatische Dichtkissen oder Auffangwannen mit Schläuchen und Luftquelle verbinden
- ▶ Pumpen, Schläuche und Armaturen soweit wie möglich zusammenkuppeln
- ▶ Messgeräte und Beleuchtung einschalten und korrekt einstellen
- ▶ Behältnisse (Bindemittel, Dichtpaste …) öffnen

Für den Transport von der Absperrgrenze zum Gefahrenobjekt sind Rollwagen, Sackkarren usw. eine sinnvolle Entlastung.

■ Informationsbeschaffung, Dokumentation und Austausch

Gefahrstoffeinsätze erzeugen eine Flut an Erkundungsergebnissen und haben einen ebenso hohen Bedarf an noch weiteren Informationen. Gerade über einen längeren Einsatzverlauf mit vielen beteiligten Kräften ist das Dokumentieren und Teilen von Informationen sehr wichtig, damit keine Maßnahmen doppelt oder auf Basis falscher Annahmen durchgeführt werden. Dazu sollten regelmäßige Lagebesprechungen mit allen relevanten Führungskräften aller beteiligten Organisationen einberufen werden. In der ersten Einsatzphase sind spätestens alle 30 Minuten als Zeitabstand dafür empfehlenswert, später können diese auch in längeren Abständen abgehalten werden.

Abb. 130: Lagebesprechung

Vorgehen im Einsatz

In der Lagebesprechung sollten dann eine ständig aktualisierte Lageskizze und eine Übersicht aller relevanten Informationen behandelt und idealerweise an alle Anwesenden schriftlich verteilt werden.

Erkundungsergebnisse zu Gefahrstoffen sollten durch Recherche in Nachschlagewerken mit Informationen zu Stoffeigenschaften und Verhaltensanweisungen angereichert werden. Auch hier bietet sich eine schriftliche Informationsweitergabe an alle Führungskräfte an: Stoffinformationen sind oft komplex und umfangreich, die Gefahr, im Einsatzstress etwas zu vergessen oder mündlich nicht zu übermitteln, ist daher groß. In Lagebesprechungen sollten alle Abschnittsleiter den aktuellen Stand ihres Verantwortungsbereiches darstellen. Die Lagebesprechung wird von einer Führungskraft moderiert, um sicherzustellen, dass der Zeitrahmen eingehalten wird und alle benötigten Informationen ausgetauscht sind.

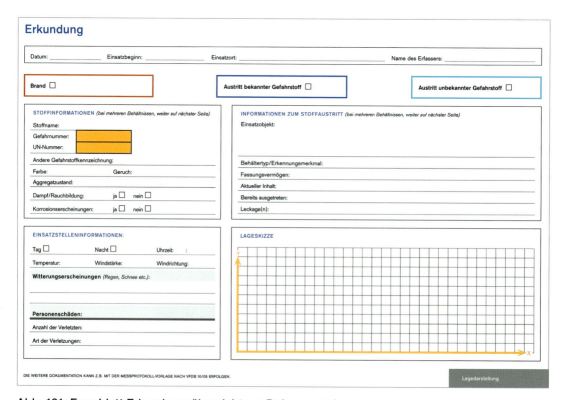

Abb. 131: Formblatt Erkundungsübersicht zur Dokumentation

4.7 Phase 5 – Abarbeitung und längere Maßnahmen

In dieser Phase sollte etwas Ruhe an der Einsatzstelle eingekehrt sein. Alle Zahnräder in den einzelnen Einsatzabschnitten greifen ineinander, geplante Maßnahmen werden umgesetzt; man nähert sich Stück für Stück dem Einsatzziel.

Zeit, sich Gedanken über den weiteren Einsatzverlauf zu machen:

- ▶ Wie lange wird der Einsatz vermutlich noch dauern?
- ▶ Sind meine Ressourcen (Personal/Material) dafür ausreichend?
- ▶ Werde ich im weiteren Verlauf zusätzliche Ressourcen benötigen, dessen Einsatz ich jetzt schon planen kann (Beleuchtung, Verpflegung, Ablösung, Entsorgungs-Fachfirmen)?
- ▶ Wann können welche Maßnahmen zurückgefahren werden?
- ▶ Wann können welche Ressourcen voraussichtlich aus dem Einsatz entlassen werden?

Oftmals stellt sich an größeren Einsatzstellen nun auch eine gewisse Zähigkeit ein – beispielsweise:

- ▶ Kräfte haben ihre Aufgaben abgeschlossen und warten auf weitere Befehle.
- ▶ Man wartet auf das Eintreffen von Spezialgerät, Fachfirmen oder Entscheidungsträgern
- ▶ Nach Abwendung der unmittelbaren Gefahr sollen „zur Sicherheit" noch weitere Maßnahmen (z.B. Gewässerproben, Messungen) durchgeführt werden

Keine Führungskraft will riskieren, Einheiten zu früh aus dem Einsatz zu entlassen und sie später nochmal zu alarmieren. Gerade im Bereich der freiwilligen Feuerwehren muss aber auch immer kritisch geprüft werden, ob der aktuelle Ressourceneinsatz weiterhin zwingend nötig ist. Das gilt insbesondere vor dem Hintergrund, dass bei Gefahrstoffeinsätzen die Wiederherstellung der Einsatzbereitschaft um ein Vielfaches aufwändiger ist als nach einem Brandeinsatz: Das Einsatzende ist mit dem Verlassen der Einsatzstelle noch lange nicht erreicht (Reinigung von Geräten, Trocknen von Schnelleinsatzzelten, Dekontamination von CSA, …).

Es bietet sich daher an, innerhalb der Einsatzabschnitte ständig zu prüfen, ob nicht mehr benötigte Geräte schon abgebaut und wieder

Prüfung des aktuellen Ressourceneinsatzes

einsatzbereit gemacht werden können. So entfällt das „große Aufräumen" am Einsatzende.

Spätestens in dieser Phase müssen die Voraussetzungen für ein Ende des Einsatzes, ggf. mit anderen Verantwortlichen (Betriebsleitung, Polizei, Umweltbehörde etc.) festgelegt und allen Führungskräften kommuniziert werden. Nicht selten haben Führungskräfte ohne besonderes Hintergrundwissen ein anderes Gefahrenverständnis als Fachleute, was sich z.B. in einem übervorsichtigen Umgang mit Chemikalien äußern kann. Bevor an einer Einsatzstelle vermeintliche Restgefahren durch Rückstände oder Kleinmengen des Gefahrstoffes aufwändig beseitigt werden, lohnt sich oft das Hinzuziehen von Fachkräften für eine weitere Beratung.

Abb. 132: Gefahrstoffeinsatz heißt oft Warten – belasten Sie Einsatzkräfte nur so lange wie nötig!

Checkliste 14

Einsatzabschluss

- ❑ An wen wird die Einsatzstelle übergeben?
- ❑ Wann sind alle Gefahren ausreichend beseitigt und wer entscheidet das?
- ❑ Welche Maßnahmen müssen von Einsatzkräften durchgeführt werden, was kann auch von einem Privatunternehmen geleistet werden (z.B. gründliche Reinigung kontaminierter Bereiche)?
- ❑ Wer kümmert sich um verbleibende Gefahrstoffe an der Einsatzstelle (z.B. Abholung von benutzten Überfässern durch Fachbetrieb)?
- ❑ Wie werden benutzte Geräte und PSA der Feuerwehr von der Einsatzstelle abtransportiert (Kontaminationsverschleppung) und wie werden sie aufbereitet oder entsorgt?
- ❑ Sind die eingesetzten und verbrauchten Ressourcen ausreichend dokumentiert (z.B. für Kostenersatz durch Verursacher)?

4.8 Einsatzende

Entsprechend den örtlichen Regularien und Gegebenheiten werden die Einsatzstellen in der Regel nicht von der Feuerwehr freigegeben, sondern an einen anderen Verantwortlichen übergeben (Betriebsleiter, Polizei, Straßenbaulastträger, …).

Freigabe von Einsatzstellen

Hier geht es vor allem um rechtliche Definitionen und Verantwortlichkeiten, bei denen der Einsatzleiter sich nicht zu weit „aus dem Fenster lehnen sollte".

Beispiel „Freigabe von Bereichen":

Feuerwehren können Messungen zum Nachweis von Gefahrstoffen durchführen (ist ein spezifischer Gefahrstoff vorhanden ja/nein).

Vorgehen im Einsatz

> Bei einem einzelnen Gefahrstoff ist eine Aussage möglich. Bei komplexen Gefahrstoff-Freisetzungen und Folgereaktionen (z.B. thermische Zersetzung) können zusätzliche Schadstoffe entstehen, die der Feuerwehr nicht bekannt sind und mit vorhandener Messtechnik nicht zuverlässig gemessen werden können. Außerdem ist die Messtechnik vielfach auf die ETW 4h-Grenzwerte ausgelegt. Für den dauerhaften Aufenthalt in einem Bereich müssen jedoch viel geringere Grenzwerte eingehalten werden. Aussagen wie „der Bereich kann jetzt wieder gefahrlos betreten werden" sollten daher Spezialisten anderer Behörden überlassen werden.

Leider gibt es zunehmend Fälle, in denen Einsatzmaßnahmen der Feuerwehr Gegenstand von Rechtsstreitigkeiten werden. Sei es, weil der Kostenersatz vom Verursacher und seiner Versicherung verweigert wird oder weil im Nachgang die Notwendigkeit von Einsatzmaßnahmen der Feuerwehr angezweifelt werden.

Übergabe der Einsatzstelle

Die Übergabe der Einsatzstelle sollte unbedingt schriftlich dokumentiert (Datum, Uhrzeit, kurze Lagebeschreibung) und am besten vom „Übernehmer" der Einsatzstelle quittiert werden. Hier, wie auch in allen anderen Einsatzphasen, ist eine umfangreiche Foto-Dokumentation sehr hilfreich.

5 Maßnahmen nach dem Einsatz

- Lessons Learned/Nachbesprechung

Entweder noch an der Einsatzstelle oder spätestens im Zeitraum von wenigen Tagen nach dem Einsatz sollte mit den eingesetzten Kräften eine Nachbesprechung erfolgen. Meist bietet sich die Nachbesprechung zunächst organisationsintern an, um dann konsolidierte Erkenntnisse auch mit den Führungskräften anderer beteiligter Einheiten zu teilen. Das Ziel jeder Nachbesprechung sollte sein, aus dem Einsatz oder der Übung zu lernen und Verbesserungspotenzial zu erkennen.

Folgende Punkte können Denkanstöße für eine Nachbesprechung liefern:

▶ Was lief grundsätzlich gut, was nicht?
▶ Gab es Unfälle oder Beinaheunfälle? Wenn ja, wie sind sie entstanden und wie können sie zukünftig verhindert werden?
▶ Woran kann innerhalb der Einheit noch gearbeitet werden (in die Ausbildung einfließen lassen)?
▶ Was kann bei der Zusammenarbeit mit anderen Einheiten verbessert werden?

Denkanstöße für Nachbesprechung

Wie bei allen Feuerwehreinsätzen kann auch bei Gefahrstoffeinsätzen nur eine offene und konstruktive Fehlerkultur dafür sorgen, sich ständig weiterzuentwickeln.

- Kontamination dokumentieren

Die Forschung zu Langzeitfolgen von Gefahrstoffeinwirkungen auf Menschen bringt immer wieder neue Erkenntnisse. Es ist daher empfehlenswert, eine möglichst umfangreiche Dokumentation zu pflegen, welche Kräfte am Einsatz beteiligt waren und inwieweit sie – selbst wenn auch nur eventuell- und in geringen Konzentrationen – mit welchen Gefahrstoffen in Kontakt gekommen sind.

Dokumentation von Kontamination und Inkorporation

In jedem Fall sind direkte Kontaminationen oder sogar Inkorporationen von Gefahrstoffen zu dokumentieren, um bei eventuellen späteren Erkrankungen einen Bezug zum Einsatzgeschehen und dem entsprechenden Versicherungsschutz herstellen zu können. Kontaminationen und Inkorporationen müssen nach erfolgreicher Dekontamination unmittelbar einem Arzt vorgestellt und der zuständigen Feuerwehr-Unfallkasse gemeldet werden.

Auch Kontaminationen an Gerätschaften sollten dokumentiert werden: Chemikalienschutzanzüge haben beispielsweise eine Gesamtbeständigkeit, die durch wiederholte Beaufschlagung mit Chemikalien abnimmt. Auch wenn eine genaue Aussage aufgrund von vielen Faktoren (Einwirkzeit, Stoffkonzentration, Temperatur …) schwierig ist, kann aus wiederholten Kontaminationen von Ausrüstung ein rechtzeitiges Austauschintervall abgeleitet werden.

- **Aufbereitung und Nachbeschaffung von Geräten**

Viele Gerätschaften können direkt an der Einsatzstelle oder nach Rückkehr an die Wache wieder einsatzbereit gemacht werden. Das Equipment, das direkt im Gefahrenbereich zum Einsatz gekommen ist, benötigt trotz Grobdekontamination an der Einsatzstelle meist noch umfangreiche Nachbearbeitung.

Beispielsweise müssen wiederverwendbare Chemikalienschutzanzüge von außen dekontaminiert und von innen gereinigt und desinfiziert werden. Je nach Gefahrstoff ist eine Aufbereitung des Anzuges nur dann möglich, wenn das Material nicht beschädigt wurde.

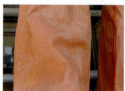

Abb. 133: Chemikalienschutzanzüge mit Beschädigungen durch starke Kontaminationen

Sollten Ausrüstungsgegenstände nicht mehr aufzubereiten sein, müssen Ersatzbeschaffungen eingeleitet werden. Sofern ein Verursacher des Einsatzes zu ermitteln ist und Kosten in Rechnung gestellt werden sollen, ist eine genaue Dokumentation wichtig. Immer häufiger gibt es Fälle, bei denen sich Verursacher und deren Versicherungen bei unklarer Dokumentation oder älteren Ausrüstungsgegenständen weigern, die Schäden in vollem Umfang zu regulieren.

Folgende Informationen können hierfür nützlich sein:

▶ Beschaffungsdatum und Kaufpreis der Ausrüstung
▶ Anzahl der Einsätze vor der Beschädigung, erwartete Rest-Nutzungsdauer
▶ Prüf- und Reparaturnachweise
▶ Art der Verwendung im letzten Einsatz, Grund der Beschädigung, ggf. Begründung, warum ein Einsatz des Gerätes notwendig war
▶ Art und Umfang der Beschädigung; Nachweis, dass Reparatur/Dekontamination (wirtschaftlich/technisch) nicht möglich ist. Beispielsweise durch externen Prüfbericht, Fotos etc.
▶ Nachweis, dass eine Beschaffung nur zum Neupreis möglich ist (z.B. kein Markt für gebrauchte Ausrüstung vorhanden)

Wenn Schadensregulierung verweigert wird ...

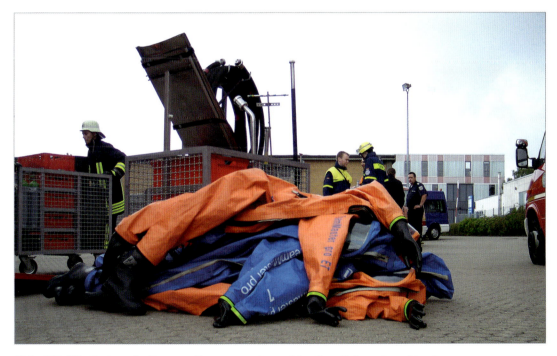

Abb. 134: Wiederbeschaffungszeiten von verbrauchter Ausrüstung beachten!

- **Sicherstellung der Einsatzbereitschaft**

Größere Gefahrstoffeinsätze sind extrem personal- und materialintensiv. Viele Einheiten sind nach so einem Einsatz am Rande ihrer personellen Leistungsfähigkeit und bzgl. einsatzbereiter Gerätschaften eingeschränkt. Es ist sinnvoll, rechtzeitig die Sicherstellung der Einsatzbereitschaft für mögliche Folgeeinsätze durch benachbarte Einheiten, dienstfreie Kräfte etc. zu klären.

Fürsorgepflicht

Hier trifft die Führungskräfte eine besondere Fürsorgepflicht: Nach einem langen und intensiven Einsatz kann es durchaus angemessen sein, alle nicht-zeitkritischen Aufbereitungsmaßnahmen aufzuschieben und den Einsatzkräften zunächst eine ausreichende Ruhepause zu ermöglichen.

Bei kritischen Ressourcen sollten bereits im Beschaffungsprozess Themen wie Wiederaufbereitung, Stellung von Ersatzgeräten und Neubeschaffungszeiten Beachtung finden. Chemikalienschutzanzüge werden beispielsweise meist individuell konfiguriert und auftragsbezogen hergestellt. Für diese Wiederbeschaffungszeit von mehreren Wochen muss geeigneter Ersatz gewährleistet sein.

Literaturempfehlungen/Quellen

Ausschuss Feuerwehrangelegenheiten, Katastrophenschutz und zivile Verteidigung (AFKzV) (2012): Feuerwehr-Dienstvorschrift FwDV 500 „Einheiten im ABC – Einsatz".

Ausschuss Feuerwehrangelegenheiten, Katastrophenschutz und zivile Verteidigung (AFKzV) (2012): Feuerwehr-Dienstvorschrift FwDV 100 „Führung und Leitung im Einsatz".

Bundesverband Betrieblicher Brandschutz Werkfeuerwehrverband Deutschland e.V. (2016): WFV-Info Fachzeitschrift des Bundesverbandes Betrieblicher Brandschutz – Werkfeuerwehrverband Deutschland e.V.; Ausgabe III 2016.

Deutsche Gesetzliche Unfallversicherung e.V. (DGUV) (2016): DGUV Information 205-014 – Auswahl von persönlicher Schutzausrüstung für Einsätze bei der Feuerwehr.

Deutsche Gesetzliche Unfallversicherung e.V. (DGUV) (2014): Infoblatt Nr. 05 des Sachgebietes „Feuerwehren und Hilfeleistungsorganisationen" – Verfahrensweise zur Durchführung von Anzeigetests bei Gaswarneinrichtungen.

Feuerwehr Koordination Schweiz FKS (2014): Handbuch für ABC-Einsätze.

Gerhards, F. (2018): Quickcheck ABC-Einsatz, ecomed, Landsberg

Jenkins, T., Smith, J., Zimmermann, B., Raab, R. (2012): Oxygen Depletion in Level A Hazmat Suits. Fire Engineering (November 2010).

Krawczyk, B., Siemon, O., Deutloff, G. (2014): Notfallhelfer Gefahrgut. ecomed, Landsberg.

Nußler, H.-D. (2017): Gefahrgut-Ersteinsatz: Handbuch für Gefahrgut-Transport-Unfälle mit „MET© – Modell für Effekte mit toxischen Gasen", Storck Verlag, Hamburg.

Ridder, A. (2017): Atemschutz bei der Feuerwehr, ecomed, Landsberg.

Rönnfeldt, J. (2013): Messtechnik im Feuerwehreinsatz, Kohlhammer, Stuttgart.

Schild, A.: https://www.abc-gefahren.de

Vereinigung zur Förderung des Deutschen Brandschutzes (vfdb) e.V.: vfdb 10-04 – Dekontamination bei Einsätzen mit ABC-Gefahren

Vereinigung zur Förderung des Deutschen Brandschutzes (vfdb) e.V.: vfdb 10-05 – Gefahrstoffnachweis im Feuerwehreinsatz

Vereinigung zur Förderung des Deutschen Brandschutzes (vfdb) e.V.: Diverse Merkblätter unter:
https://www.vfdb.de/veroeffentlichungen/merkblaetter-technischer-bericht/

Abbildungs-Quellenverzeichnis

Gefahrguterkundung Amt Itzstedt: Abb. 4, 5, 13, 14, 21, 22a, 26, 30, 32, 35, 37, 38, 40, 41, 50, 56, 57, 59, 61, 69a, 69b, 70a, 70b, 77, 82, 98, 99, 103, 109, 110, 112, 113, 114, 117, 126, 128.

Feuerwehr Itzstedt: Abb. 23, 28, 45, 49, 119.

Feuerwehr Werl: Titelfoto, Startbilder zu Kapitel 1, 2, 3, 5, Abb. 88, 89, 91, 104a, 104b, 107, 127.

ABC-Zug Kreis Segeberg: Startbild zu Kapitel 4, Abb. 39, 46, 47, 48, 68, 80, 84, 86, 90a, 90b, 92, 94, 96, 101, 105, 108, 111, 121, 122, 124, 125, 129, 130, 132, 134.

Carsten Joester: Abb. 10a, 22b.

Magnus Mertens, 2005, Göttingen: Abb. 29 (https://commons.wikimedia.org/wiki/File:Ionen-Mobilitaets-Spektrometer.jpg?uselang=de).

Ruedi Jungen (hochwasser-schutz.ch): Abb. 43.

ÖKO-TEC Doppelkammerschlauch: Abb. 44.

Führungsgruppe Amt Trave Land: Abb. 100.

Drägerwerk AG & Co. KGaA: Abb. 10b, 10c, 15a, 15b, 16a, 16b, 20, 27a, 27b, 27c, 60, 73, 76, 102, 131, 133a, 133b.

Alle übrigen Abbildungen stammen vom Autor. Abb. 62, 63 auf Basis des „Handbuch ABC-Einsätze", Feuerwehr Koordination Schweiz FKS. Abb. 64a, 64b als Teilnehmer beim „Symposium ABC-Gefahren an der Universität Siegen, 03.11.2018". Abb. 120 in Anlehnung an die FwDV 500.

Stichwortverzeichnis

A
ABC 10
Abdichten 44, 62
Abpumpen 49, 65
Absperren 142
Acute Exposure Guideline Levels 21
AEGL 21
Aggregatzustand 13
AGW 22
Analysegerät, komplex 40
Anzug, wiederverwendbar 28
Arbeitsplatz-Grenzwert 22
Atemschutz 24
Aufbereitung von Geräten 168
Auffangen 48, 63
Ausbreitung 62
Ausrüstung, allgemeine 32

B
Betreuung der Einsatzkräfte unter CSA 155
Bindevlies 71
Brandbekämpfung 123
Brandschutzbekleidung 24

C
CAS-Nummer 60
CBRN 10
CBRNE 10
Chemikalienbindemittel 70
Chemikalien-Schutzanzug, gasdichter 27
Chemikalienschutz-Handschuhe 25
CSA 27

D
Dampf 14
Dampf, brennbar 15
Dampf, giftig 21
Dekon-G 110
Dekon-Helfer (schwarz) 157
Dekon-Helfer (weiß) 158
Dekon-Mittel 113
Dekon-Verfahren 111
Dekontamination 103, 156
Dekontamination von Geräten 110
Dichtausrüstung 44
Dokumentation 81

E
Einsatzende 165
Einsatztoleranzwert 21
Einsatzziel 137
Erdung 93
Erkundungsausrüstung 51
Erweiterte Dekon 108
ETW 21
Ex-Gefahren 83
Ex-geschützte Geräte 97
Ex-Messgerät 77
Ex-Schutz 93
Explosionsgefahr 83

F
Fernglas 51
Filtern im Gefahrstoffeinsatz 31
Flammpunkt 21
Freimessen von Räumen 88
FwDV 500 23

G
GAMS-Regel 142
Gas 14
Gas, giftig 21
Gasmessgerät 38
Gaswolke 71
Gaswolken, Niederschlagen von 71
Gefahr durch Inkorporation 12
Gefahr durch Kontamination 11
Gefahren durch chemische Stoffe 16
Gefahr erkennen 142
Gefahrgut 10
Gefahrnummer 59
Gefahrstoff 10
Gefahrstoff, Binden von 69
Gefahrstoff, chemisch 13
Gefahrstoff, Erkennen von 57
Gefahrstoff, Kennzeichnung von 57
Gefahrstoffeinsatz 137
Gerätelogistik 159
Grenzmessung 79
Grenzwert 21
Grundlagen des Ex-Schutzes 93
GSG 10

Stichwortverzeichnis

I
Inkorporation 11
Ionen-Mobilitäts-Spektrometer 41

K
Kategorien von Einsatzlagen 9
Kohlenwasserstoff 82
Kombifilter 31
Kombinationsfilter A2B2E2K2 Hg P3 32
Kommunikation 116
Kommunikationsausrüstung 33
Kommunikationshilfe 120
Kontamination dokumentieren 167
Kontamination, radioaktive 91
Kontaminationsschutzhaube 24
Körperschutz-Formen 24

L
Lagebeschreibung 118
Lessons Learned 167
Limited Use 29

M
MAK 22
Maximale Arbeitsplatzkonzentration 22
Menschenrettung 144
Mess-Dokumentation 80
Messeinheit 16
Messgerät, komplex 40
Messpunkt 78
Mess-Strategie 74
Messtechnik 16, 35
Messtechnik für giftige Gase 86
Messung radioaktiver Strahlung 91
Messziel 75, 76

N
Nachbeschaffung von Geräten 168
Nachbesprechung 167
Neutralisieren 68
Not-Dekon 106
Notfalldekon 133
Notfallkonzept 125

O
OEG 20
Ölbindemittel 69
Öltest 82
Öltestpapier 37

P
Photoionisationsdetektoren 40
pH-Universalindikatorpapier 37
pH-Wert 17
ppm 19
Probenahme 99
Prüfröhrchen 37
PSA 23
Pumpen, Einsatz von 65
Pumpenarten 50

R
Ressourceneinsatz 137

S
Sauerstoffkonzentration 84
Schutzausrüstung, persönliche 23
Sicherheitstrupp 128
Sicherstellung der Einsatzbereitschaft 170
Spezialkräfte nachfordern 146
Spritzschutzanzug 25
Sprüh-Dekon 111
Standard-Dekon 107

T
Tauch-Dekon 111
Tragekörbe für CSA-Trupps 54
Transport verunfallter Einsatzkräfte mit CSA 129
Trockene Dekon 112
Tupf-Dekon 112

U
UEG 20
Umpumpen 49, 65
UN-Nummer 60

V
Verdünnen 67
vol. % 19

W
Wärmebildkamera 52
Wartung und Prüfung von Gasmessgeräten 42
Wiederbeschaffungszeit 169
Wisch-Dekon 112